Original-Prüfungen Mathematik Mittelschule Quali Bayern 9. Klasse 2022

erstellt

für Schülerinnen und Schüler der Mittelschule Bayern
qualifizierender Mittelschulabschluss

INKL. Original-Prüfung 2021 mit Lösungen

lernverlag®
www.lern-verlag.de

Vorwort

Liebe Schülerinnen, liebe Schüler,
liebe Kolleginnen, liebe Kollegen,

in diesem speziellen Prüfungsvorbereitungsbuch **Original-Prüfungen Mathematik Mittelschule Quali Bayern 2022** sind die letzten acht zentral gestellten Originalprüfungen der Jahre 2014 bis 2021 und die offiziellen Musterprüfungen enthalten. Dazu gibt es schülergerechte, lehrplankonforme und ausführliche Lösungen, die für den Schüler leicht verständlich und nachvollziehbar erstellt worden sind.

Hinweise

Die Abschlussprüfung 2022 findet nach Vorgaben des *Bayerischen Staatsministeriums für Unterricht und Kultus* am **29.06.2022** statt und dauert **120 Minuten**. (Stand 01.09.2021 - Angaben ohne Gewähr) Als **Hilfsmittel für Teil B** ist ein nichtprogrammierbarer Taschenrechner und eine Formelsammlung zugelassen. Teil A ist dabei hilfsmittelfrei zu lösen.

Neues im Buch

Alle Zwischenergebnisse sind einfach unterstrichen, alle Endergebnisse doppelt.
Wir haben eine neue **Lernplattform** eingerichtet. Hier findet man im gesicherten Mitgliederbereich hilfreiche Erklär- und Lösungsvideos zu vielen Mathe-Themen im Quali und zu den Lösungen der Original-Prüfungen. Jetzt bei **https://lern.de** einen Platz sichern.
Zeit- und ortsunabhängig online für einzelne Arbeiten in der Schule oder den Quali 2022 lernen.

Tipps

Fangen Sie rechtzeitig mit den Vorbereitungen auf die Abschlussprüfung an und arbeiten Sie kontinuierlich alte Prüfungen durch. Wiederholen Sie die einzelnen Prüfungen mehrmals, um die notwendige Sicherheit zu erlangen. Zur Lernkontrolle können Sie den Prüfungsplaner im Innenteil dieses Prüfungsvorbereitungsbuch verwenden.
Üben Sie also, so oft Sie können.

Notenschlüssel

Der Notenschlüssel wird vom *Bayerischen Staatsministerium für Unterricht und Kultus* festgelegt. In der folgenden Tabelle finden Sie den Notenschlüssel.

Jahrgang 2014 - 2021

Note 1:	48 – 41	Punkte
Note 2:	40,5 – 33	Punkte
Note 3:	32,5 – 25	Punkte
Note 4:	24,5 – 16	Punkte
Note 5:	15,5 – 8	Punkte
Note 6:	7,5 – 0	Punkte

Gesamtbewertung

Teil A:	16	Punkte
Teil B:	32	Punkte
Gesamt:	48	Punkte

Impressum
lern.de Bildungsgesellschaft mbH
Geschäftsführer: Sascha Jankovic
Fürstenrieder Str. 52
80686 München
Amtsgericht München: HRB 205623
E-Mail: kontakt@lern-verlag.de – www.lern-verlag.de
lernverlag, lern.de und cleverlag sind eingetragene Marken von Sascha Jankovic, Inhaber und Verleger.

Druck: Deutschland
Lösungen:
Sascha Jankovic, Simon Rümmler und das Team von Pädagogen der lern.de Bildungsgesellschaft mbH
©lern.de, ©lernverlag und ©cleverlag - Alle Rechte vorbehalten.

Trotz sorgfältiger Recherche kann es vorkommen, dass nicht alle Rechteinhaber ausfindig gemacht werden konnten. Bei begründeten Ansprüchen nehmen Sie bitte direkt mit uns Kontakt auf.

Wir danken dem *Bayerischen Staatsministerium für Unterricht und Kultus* für die freundliche Genehmigung, die Originalprüfungen abdrucken zu dürfen. Die Lösungsvorschläge liegen nicht in der Verantwortung des Ministeriums.

7. ergänzte Auflage ©2021 ¹· Druck
ISBN-Nummer: 978-3-7430-0085-8
Artikelnummer:
EAN 9783743000858

Aktuelles Rund um die Prüfung 2022 und diesem Buch

Als kleiner Verlag schreiben wir für alle Schüler:innen nachvollziehbare, verständliche und ausführliche Lösungen zu den Original-Prüfungen und versuchen unsere Titel auch während des Schuljahres immer aktuell zu halten. Da wir seit über 20 Jahren individuelle Lernförderung durchführen, stehen bei uns alle Schüler:innen an erster Stelle, wenn es um Fragen rund um das Buch, Verständnisprobleme bei dem ein oder anderen Thema oder Wünsche geht.

Egal ob es um übersehene Rechtschreibfehler, Rechenfehler oder auch Wünsche von Lehrer:innen oder Schüler:innen geht, wir setzen uns sofort hin und versuchen Gewünschtes umzusetzen. Es kostet niemanden etwas, und alle profitieren davon, auch wenn wir Mehrarbeit durch diesen kostenlosen Service haben.

Wir erreichen Sie uns am besten?

Schreiben Sie uns eine E-Mail an **kontakt@lern-verlag.de**

Schreiben Sie uns eine Nachricht, schicken Sie ein Foto von der betroffenen Seite. Wir prüfen, ändern und veröffentlichen bei Bedarf im kostenlosen Downloadbereich des lernverlags die durchgeführten Änderungen.

 WhatsApp-Business
+49 89 54 64 52 00

Sie können uns gerne unter der selben Nummer anrufen.

Digitales zu diesem Buch

Unter **https://lern.de** bauen wir gerade eine Lernplattform auf.

Du suchst ein Video über Körperberechnungen oder Lösungen von Gleichungen und bekommst aktuell auf anderen Plattformen 50 Videos angezeigt mit unterschiedlichen Erklärungen? Das soll sich ändern. Ein Begriff und maximal 3 Videos, die eventuell zusammenhängen.

Wir arbeiten unter Hochdruck daran, kurze animierte Erklärvideos, passend zum Unterrichtsstoff und „ON-TOP" Lösungsvideos zu den Original-Prüfungen zu erstellen.

Schau öfters einmal vorbei oder melde dich am besten zu unserem **Newsletter** an, der **maximal zweimal pro Monat** verschickt wird.

Änderungen in dieser Neuauflage 2021/2022 - ISBN: 978-3-7430-0085-8

- Älteste Original-Prüfung 2013 herausgenommen und Vorwort überarbeitet

- Kopfzeile im Buch übersichtlicher gestaltet und themenbezogene Übersicht erstellt

- Aktuelles, Inhaltsübersicht und Übersicht der einzelnen Themengebiete erstellt

- **Original-Prüfung 2021 inkl. ausführlichen Lösungen erstellt**

Inhaltsverzeichnis

Lösungen sind jeweils direkt nach jedem Prüfungsteil zu finden.

Themenbezogene Übersicht - Finde Dich leicht zurecht

Damit man sich auch während des Schuljahres optimal auf die einzelnen Arbeiten vorbereiten kann, haben wir eine **Übersicht zu den einzelnen Themengebieten** erstellt.

So kann man sich beispielsweise gezielt auf die Arbeit mit dem Thema *quadratische Funktionen* oder *Geradengleichungen* vorbereiten und dazu alle entsprechenden Original-Prüfungen durcharbeiten.

In allen Zellen, in welchen „??" angezeigt wird, wurde zu diesem Thema keine Aufgabe gefunden. Die Themen Fläche und Geometrie sind in Aufgaben oft miteinander verknüpft, sodass kein Anspruch auf Vollständigkeit oder Richtigkeit bei dieser Übersicht gestellt werden kann.

M9 LB 1: Prozent- und Zinsrechnung
Kapital; Zinsen; Zinssatz; Grundwert; Prozentwert; Prozentsatz; Tageszins; Monatszins

Jahrgänge:	2014	2015	2016	2017	2018	2019	2020	2021	Muster
Teil A Seiten:	11	32	??	78	101	126	148	175	??
Teil B I Seiten:	17	38	61	85	110	135	160	186	213
Teil B II Seiten:	21	43	66	89	114	139	165	191	223
Teil B III Seiten:		49	72	95	119	144	170	197	—

M9 LB 2: Potenzen
Dezimalschreibweise; Zehnerpotenzschreibweise; Exponenten; Größenvergleich; Speichermedien

	2014	2015	2016	2017	2018	2019	2020	2021	Muster
Teil A Seiten:	11	11	53	79	99	124	153	176	??
Teil B I Seiten:	??	??	??	??	??	??	??	??	213
Teil B II Seiten:	??	??	??	??	??	??	??	??	224
Teil B III Seiten:	??	??	??	??	??	??	??	??	—

M9 LB 3: Geometrische Figuren, Körper
rechtwinklige Dreiecke; Quadrat; Trapez; Pythagoras; Pyramiden; Umfang; Seitenlänge

	2014	2015	2016	2017	2018	2019	2020	2021	Muster
Teil A Seiten:	11	30	54	??	102	129	152	177	205
Teil B I Seiten:	16	??	??	??	??	??	161	??	??
Teil B II Seiten:	21	??	66	??	??	??	??	192	222
Teil B III Seiten:	26	48	71	??	??	??	??	??	—

M9 LB 4: Flächeninhalt - Vielecke

Zerlegen von Vielecken in Dreiecke; Fläche berechnen; Pythagoras - verknüpft mit Geometrie

Jahrgänge:	2014	2015	2016	2017	2018	2019	2020	2021	Muster
Teil A Seiten:	9	33	55	79	101	128	152	178	??
Teil B I Seiten:	??	38	??	??	109	134	??	??	211
Teil B II Seiten:	21	44	67	89	114	??	165	192	??
Teil B III Seiten:	26	??	71	94	??	145	171	198	—

M9 LB 5: Rauminhalt - Prismen, Pyramiden, Kegel

Volumenberechnung; Formel umstellen - verknüpft mit Geometrie

	2014	2015	2016	2017	2018	2019	2020	2021	Muster
Teil A Seiten:	??	??	53	??	??	126	??	179	205
Teil B I Seiten:	16	38	62	84	??	??	161	186	??
Teil B II Seiten:	??	??	67	90	115	139	??	??	221
Teil B III Seiten:	??	48	??	??	??	??	??	??	—

M9 LB 6: Wahrscheinlichkeiten

Ergebnisse; Ereignisse; Gegenereignisse **(Wird in 2022 nicht geprüft)**

M9 LB 7: Gleichungen

Gleichungen mit einer Variablen lösen; Sachaufgaben; Bruchgleichungen; Sachaufgaben

	2014	2015	2016	2017	2018	2019	2020	2021	Muster
Teil A Seiten:	8	30	56	78	??	125	149	177	203
Teil B I Seiten:	16	38	61	84	??	134	160	186	211
Teil B II Seiten:	21	43	66	89	114	??	??	191	221
Teil B III Seiten:	26	48	71	94	119	144	170	197	—

M9 LB 8: Funktionale Zusammenhänge

Proportionalitäten erkennen; nicht lineare und lineare; Tabellen und Koordinatensystem; Sachaufgaben

	2014	2015	2016	2017	2018	2019	2020	2021	Muster
Teil A Seiten:	8	33	56	80	103	127	152	179	??
Teil B I Seiten:	17	39	61	84	109	134	??	187	214
Teil B II Seiten:	22	43	??	??	??	140	166	??	225
Teil B III Seiten:	??	??	71	94	120	145	170	197	—

Hinweis zur Prüfung 2022 in Mathematik Quali M9 Mittelschule

Sonderregelung für den Quali 2022 an der Mittelschule:
Nicht prüfungsrelevant (Stand: 01.09.2021):

- **Aus M9 LB 1: Prozent und Zinsrechnung**
  Zinseszinsrechnung; lineare Zusammenhänge von Zeit und Zinsen; Monats- und Tageszins
- **Aus M9 LB 3: Geometrische Figuren, Körper, Lagebeziehungen**
  Schrägbilder von geraden Pyramiden mit Grundfläche Quadrat,Rechteck, Dreieck; gerade Kegel
- **Aus M9 LB 5: Rauminhalt - Prismen, Pyramiden, Kegel**
  Volumina berechnen von geraden Pyramiden mit Grundfläche Vielecke und gerader Kegel; Sachaufgaben diesbezüglich
- **Aus M9 LB 6: Wahrscheinlichkeiten**
  komplett
- **Aus M9 LB 8: Funktionale Zusammenhänge**
  umgekehrte proportionale Abhängigkeiten

Bitte fragen Sie bzgl. Änderungen auch noch einmal bei Ihrer Lehrkraft nach!

Angaben A

1. Paul ist Auszubildender im Konditorhandwerk. Er soll 2 Tortenböden herstellen.

Rezept für 10 Tortenböden	
2 000 g	Mehl
10 Päckchen	Vanillezucker
1 500 g	Zucker
5 Päckchen	Backpulver
40	Eier
250 ml	Wasser

Paul
notiert
sich:

Pauls Rezept für 2 Tortenböden	
400 g	Mehl
2 Päckchen	Vanillezucker
600 g	Zucker
1 Päckchen	Backpulver
8	Eier
50 ml	Wasser

Finde den Fehler, streiche ihn in Pauls Rezept durch und notiere die richtige Angabe:

_____   (1 Pkt.)

2. Judith hat 180 Euro. Davon gibt sie $\frac{1}{3}$ aus, vom Restbetrag zahlt sie 50 % auf ihr Sparkonto ein.

    Welcher Betrag wird eingezahlt?

    (1 Pkt.)

3. In einer Warteschlange stehen hinter Tobi 7 Personen. An 4. Stelle hinter Tobi steht in dieser Schlange eine Frau im roten Mantel, die insgesamt 9 Personen vor sich hat.

    Wie viele Personen stehen in der Warteschlange?

    (1 Pkt.)

4. Fülle die Platzhalter so aus, dass die Gleichung stimmt:

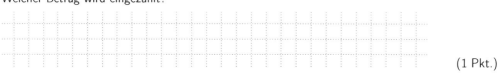

$$21x + \boxed{} = 3 \cdot \left(\boxed{} + 2 \right)$$ (1 Pkt.)

Fortsetzung nächste Seite

5. Ein Würfel wird zur Hälfte in Farbe getaucht (siehe Skizze).

    Färbe das Würfelnetz entsprechend:

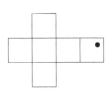

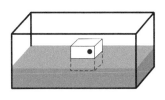

(1 Pkt.)

6. Entscheide mit Hilfe des Diagramms, ob die folgenden Aussagen richtig oder falsch sind. Kreuze entsprechend an.

Lieblingsurlaubsziele der Deutschen 2011:
(Quelle: nach Handelsblatt 2011)

	richtig	falsch
a) Skandinavien war genauso beliebt wie Kroatien.	☐	☐
b) Die Mehrzahl der Deutschen hat im eigenen Land Urlaub gemacht.	☐	☐
c) Das beliebteste ausländische Urlaubsziel war Italien.	☐	☐
d) In Spanien machten 50 % mehr Deutsche Urlaub als in der Türkei.	☐	☐

(2 Pkt.)

Fortsetzung nächste Seite

7. Die Gerade g ist parallel zur Geraden h.
   Bestimme den Winkel α rechnerisch (siehe Skizze):

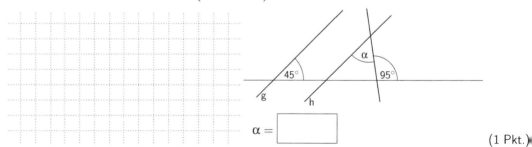

α = [ ]

(1 Pkt.)

8. Setze die Zahlenreihen folgerichtig fort:

a) $\dfrac{1}{2}$ $-\dfrac{1}{4}$ $\dfrac{1}{8}$ $-\dfrac{1}{16}$ $\dfrac{1}{32}$ [ ]

b) $\dfrac{3}{4}$ $1\dfrac{1}{2}$ $2\dfrac{1}{4}$ 3 [ ]

(1 Pkt.)

9. Ein Mann steht auf dem übergroßen Modell eines Stuhls (siehe Skizze).
   Wie groß müsste ein Mann sein, für den dieser Stuhl Normalgröße hat?
   Begründe.

(2 Pkt.)

Fortsetzung nächste Seite

10. Fülle den Platzhalter so aus, dass die Gleichung stimmt.

a) $3,6 : 0,03 = $ ☐

b) $0,46 \cdot 10^3 - 1 = $ ☐

(1 Pkt.)

11. Jasmin hat 100 Euro zur Verfügung. Sie will sich folgende Teile, die jeweils mit dem regulären Preis ausgezeichnet sind, kaufen:
eine Hose für 60 Euro, eine Jacke für 40 Euro und ein Shirt für 20 Euro.

Der Modeladen „Style" bietet Folgendes an:

Beim Kauf von 3 Kleidungsstücken erhalten Sie auf ...	
... ein Teil:	*10 % Rabatt*
... ein anderes Teil:	*15 % Rabatt*
... ein weiteres Teil:	*20 % Rabatt*

Kann sich Jasmin die 3 Kleidungsstücke bei optimaler Ausnutzung der Rabatte leisten?

Begründe rechnerisch.

(2 Pkt.)

12. Peter läuft auf der äußeren Kreislinie, Maria auf der inneren (siehe Skizze).

Wie viele Meter läuft Peter im Vergleich zu Maria bei jeder Runde mehr?

Rechne mit $\pi = 3$

(2 Pkt.)

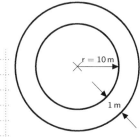

r = 10 m

1 m

Lösungen A

1. Um das Rezept von 10 auf 2 Tortenböden zu ändern muss Paul alle Mengenangaben durch 5 teilen. Dabei ist bei der Berechnung der nötigen Menge Zucker ein Fehler unterlaufen. Die richtige Menge wäre:

$$1\,500\,\text{g} : 5 = \underline{300\,\text{g}}$$

2. Judith gibt von anfänglichen 180 € genau $\frac{1}{3}$ aus. Somit bleiben ihr noch $\frac{2}{3}$ des Betrags übrig, also

$$180\,\text{€} \cdot \frac{2}{3} = 120\,\text{€}.$$

Von diesen 120 € zahlt sie 50 %, also die Hälfte auf ihr Sparkonto ein. Dies entspricht einer Geldsumme von

$$120\,\text{€} : 2 = \underline{60\,\text{€}}$$

3. Die Lösung der Aufgabe kann man sich optisch überlegen: Hinter Tobi stehen 7 Personen. Die Person an der 4. Stelle hinter Tobi hat einen roten Mantel an:

Vor der Frau mit rotem Mantel stehen neun Personen:

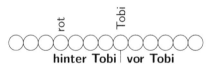

Insgesamt sind es also 13 Personen.

4. Zunächst ist es hilfreich die Klammer auf der rechten Seite der Gleichung aufzulösen. Damit ergibt sich

$$21x + \boxed{} = 3 \cdot \left(\boxed{} + 2 \right)$$

$$21x + \boxed{} = 3 \cdot \boxed{} + 6$$

Damit können in der Gleichung einzeln die Summanden betrachtet werden, die x enthalten oder nicht enthalten. Betrachtet man jeweils nur diese in der Gleichung, so ergibt sich:

Summanden mit x: $21x = 3 \cdot \boxed{}$ $| : 3$

$\Longleftrightarrow$ $7x = \boxed{}$

Summanden ohne x: $\boxed{} = 6$

Die vollständige Gleichung lautet also

$$\underline{21x + 6 = 3 \cdot (7x + 2)}$$

5. Betrachtet man den Würfel in der Farbe, so sieht man, dass die vier Seiten, die auch im Netz auf gleicher Höhe wie die Seite mit dem Punk ist, zur Hälfte gefärbt werden. Die Unterseite, die im Netz unten ist, wird komplett gefärbt, während die Oberseite komplett ungefärbt bleibt. Damit ergibt sich das Netz:

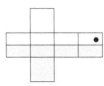

6. a) **richtig.** Die Prozentsatz beider Länder ist gleich, also sind sie in gleichem Maße beliebt.

b) **falsch.** Deutschland hat zwar den höchsten Prozentsatz der gezeigten Länder, aber wenn die Mehrzahl der Deutschen im eigenen Land Urlaub machen würden, müssten es trotzdem mindestens 50 % sein. Deutschland hat jedoch nur 24 %.

c) **falsch.** Sowohl der Prozentsatz von Spanien als auch der Türkei ist höher als der von Italien, weshalb diese beiden Länder als ausländisches Urlaubsziel beliebter sind als Italien.

d) **richtig.** Die Hälfte, also 50 % von 6 % sind 3 %. Die Prozentzahl von Spanien ergibt sich genau als Summe der Prozentzahl der Türkei und weiterer 50 % dieser, da 9 % = 6 % + 3 % ist. Damit machten in Spanien 50 % mehr Deutsche Urlaub als in der Türkei.

7. In der graphischen Darstellung werden noch zwei Winkel eingezeichnet:

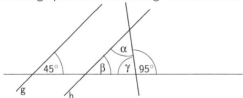

Dabei sind der Winkel 45° und β Stufenwinkel, da g parallel zu h ist. Entsprechend gilt auch $\beta = 45°$. Außerdem ist γ ein Nebenwinkel zu dem Winkel 95°. Deshalb gilt $\gamma = 180° - 95° = 85°$. Betrachtet wird nun das geschlossene Dreieck. Für die Innenwinkelsumme gilt dann: $\alpha + \beta + \gamma = 180°$. Damit ergibt sich schließlich der Winkel α:

$$\alpha = 180° - \beta - \gamma = 180° - 45° - 85° = \underline{50°}$$

8. a) In der Zahlenreihe werden drei Merkmale deutlich. Der Zähler bleibt stets gleich 1. Das Vorzeichen wechselt nach jeder Zahl zwischen + und −. Der Nenner beginnt bei 2 und verdoppelt sich dann mit jedem Schritt. Jeder Schritt entspricht also der Multiplikation $\cdot(-\frac{1}{2})$. Damit lässt sich auch die nächste Zahl finden. Im Zähler steht wieder eine 1, ihr Vorzeichen ist ein − und im Nenner steht $2 \cdot 32 = 64$:

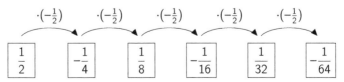

b) Die Vorschrift dieser Zahlenreihe ist leichter zu erkennen, wenn man die gemischten Brüche auflöst und auf den Hauptnenner 4 bringt. Dann hat die Zahlenreihe die folgende Gestalt:

$$\frac{3}{4} \quad \frac{6}{4} \quad \frac{9}{4} \quad \frac{12}{4} \quad \boxed{}$$

Nun ist zu erkennen, dass der Nenner immer gleich 4 bleibt, während man den Zähler stets $+3$ rechnet. In jedem Schritt wird also $+\frac{3}{4}$ gerechnet. Die nächste Zahl hat also wieder eine 4 im Nenner und ihr Zähler lautet $12 + 3 = 15$, also $\frac{15}{4}$. Schreibt man dies wieder in einen gemischten Bruch um, also $\frac{15}{4} = 3\frac{3}{4}$, so ergibt sich schließlich die Zahlenreihe:

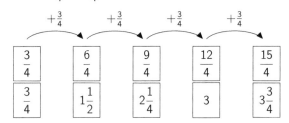

Alternative: Umwandlung in Dezimalzahlen

$\frac{3}{4} = 0{,}75$

$1\frac{1}{2} = 1{,}50$

$2\frac{1}{4} = 2{,}25$

$3 = 3$

$$\begin{array}{ccccc} & +0{,}75 & +0{,}75 & +0{,}75 & +0{,}75 \\ \boxed{0{,}75} & \boxed{1{,}5} & \boxed{2{,}25} & \boxed{3} & \boxed{3{,}75} \end{array}$$

9. Zunächst wird die Annahme getroffen, dass der Mensch 2m groß ist. Somit kann auch gleich die Gesamthöhe des Stuhls bestimmt werden. Der Stuhl ist insgesamt 8m hoch (das vierfache des Menschen).
Wenn der Stuhl insgesamt 8m hoch ist, muss der passende Mensch doppelt so groß sein, nähmlich 16m. (Beachte: Die Sitzhöhe des Stuhls ist 4m hoch und wenn der gezeichnete Stuhl das Vierfache des Menschen ist, wird der Mensch viermal so hoch wie die Sitzfläche des Stuhls sein.)

10. a) Um die Gleichung einfacher lösen zu können, wird das Komma verschoben:

$$3{,}6 : 0{,}03 = 360 : 3$$
$$= \underline{120}$$

b) Auch hier wird durch Umformung ein leichter Weg gesucht, um das Ergebnis zu bestimmen:

$$0{,}46 \cdot 10^3 - 1 = 0{,}46 \cdot 1\,000 - 1$$
$$= 460 - 1$$
$$= \underline{459}$$

11. Am meisten kann Jasmin einsparen, wenn sie die größten Rabatte für das teuerste Produkt benutzt, also 20 % für die Hose, 15 % für die Jacke und 10 % für das Shirt. Damit ergeben sich die folgenden

Rabatte:
Lösung mit Dreisatz:

Hose :			Jacke :			Shirt :	
Prozent | Euro			**Prozent | Euro**			**Prozent | Euro**	
$100\,\% \,\hat{=}\, 60\,€$	$\vert : 100$		$100\,\% \,\hat{=}\, 40\,€$	$\vert : 100$		$100\,\% \,\hat{=}\, 20\,€$	$\vert : 100$
$1\,\% \,\hat{=}\, 0{,}60\,€$	$\vert \cdot 20$		$1\,\% \,\hat{=}\, 0{,}40\,€$	$\vert \cdot 15$		$1\,\% \,\hat{=}\, 0{,}20\,€$	$\vert \cdot 10$
$20\,\% \,\hat{=}\, \underline{12\,€}$			$15\,\% \,\hat{=}\, \underline{6\,€}$			$10\,\% \,\hat{=}\, \underline{2\,€}$	

Sie hat also eine Gesamtersparnis von $12\,€ + 6\,€ + 2\,€ = \underline{20\,€}$. Ursprünglich hätte sie $60\,€ + 40\,€ + 20\,€ = 120\,€$ zahlen müssen. Abzüglich der Rabatte bleiben $120\,€ - 20\,€ = \underline{100\,€}$. Jasmin kann sich die Kleidungsstücke also kaufen.

12. Die zu laufende Strecke ergibt sich aus der Formel für den Umfang eines Kreises: $u = 2\pi \cdot r$. Dabei ist $r_i = 10\,m$ für die Innenbahn und $r_a = 11\,m$ für die Außenbahn.

$$u_i = 2\pi \cdot r_i = 2 \cdot 3 \cdot 10\,m = 60\,m$$
$$u_a = 2\pi \cdot r_a = 2 \cdot 3 \cdot 11\,m = 66\,m$$

Peter läuft also pro Runde $66\,m - 60\,m = \underline{6\,m}$ mehr.

2014

1. Für das Sommerfest ihrer Schule kaufen die Schülersprecher insgesamt 120 Flaschen Getränke.

   Sie besorgen halb so viele Flaschen Orangensaft wie Apfelsaft und siebenmal so viel Mineralwasserflaschen wie Apfelsaftflaschen.
   Außerdem kaufen sie vier Flaschen mehr Birnensaft als Orangensaft und noch acht Flaschen Kirschsaft.

   Wie viele Flaschen von jeder Sorte kaufen sie?
   Löse mit Hilfe einer Gleichung.   (4 Pkt.)

2. Aus einem Quader wird ein dreiseitiges Prisma ausgeschnitten (siehe Skizze).
   Berechne das Volumen des Restkörpers.

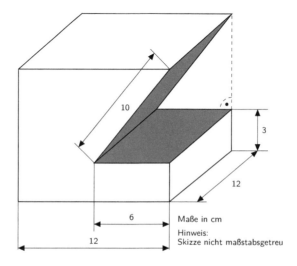

10

3

12

6

12

Maße in cm

Hinweis:
Skizze nicht maßstabsgetreu

(4 Pkt.)

Fortsetzung nächste Seite

3. Herr Müller hat 56 000 Euro zur Verfügung. Für den Kauf einer neuen Wohnungseinrichtung verwendet er $\frac{3}{8}$ des Geldes. Seinem Freund leiht er 12 000 €.
    Den Rest legt er im Januar auf einem Sparkonto an, das mit 0,6 % jährlich verzinst wird.

    a) Wie viel gibt er für die Wohnungseinrichtung aus?

    b) Welchen Stand hat das Sparkonto, wenn es nach 9 Monaten aufgelöst wird?

    c) Sein Freund zahlt ihm nach einem Jahr 12 150 € zurück.

        Welchen Zinssatz hatten die beiden vereinbart?

    (4 Pkt.)

4. Auf einer Baustelle wird ein Aushub von 73 m³ abtransportiert. Eine Fahrt umfasst den Weg von der Baustelle zur Entladestelle und zurück und dauert für beide LKW-Typen (siehe Skizze) gleich lang. Die Zeiten für das Be- und Entladen sollen nicht berücksichtigt werden.

    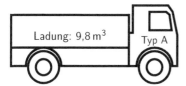 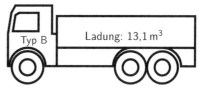

    a) Wie oft muss ein LKW vom Typ A für den Abtransport des Aushubs fahren?

    b) Der LKW-Fahrer des Wagens A benötigt für diese Fahrten insgesamt 4 Stunden und 48 Minuten.

        Wie viele Minuten dauert eine Fahrt?

    c) Wie viel Zeit könnte der Bauunternehmer für den Abtransport des Aushubs einsparen, wenn er einen LKW vom Typ B einsetzt?

    (4 Pkt.)

1. Aus dem Text ergibt sich die Gesamtzahl aller Flaschen zu 120. Nun wird die Anzahl der Apfelsaft-
    flaschen als Unbekannte x gewählt, da sich die Anzahl aller anderen Flaschen darüber darstellen
    lässt:

$$\text{Apfelsaft} \triangleq x$$

„...halb so viele Flaschen Orangensaft wie Apfelsaft...":

$$\text{Orangensaft} \triangleq \frac{x}{2}$$

„...siebenmal so viel Mineralwasserflaschen wie Apfelsaftflaschen...":

$$\text{Mineralwasser} \triangleq 7x$$

„...vier Flaschen mehr Birnensaft als Orangensaft...":

$$\text{Birnensaft} \triangleq \frac{x}{2} + 4$$

„...acht Flaschen Kirschsaft.":

$$\text{Kirschsaft} \triangleq 8$$

Nun muss die Anzahl aller fünf Sorten in Summe 120 ergeben, woraus sich folgende Gleichung
ergibt:

$$x + \frac{x}{2} + 7x + \frac{x}{2} + 4 + 8 = 120$$

$$\Longleftrightarrow \qquad 9x + 12 = 120 \qquad | - 12$$
$$\Longleftrightarrow \qquad 9x = 108 \qquad | : 9$$
$$\Longleftrightarrow \qquad \underline{x = 12}$$

Setzt man diesen Wert für x ein, ergeben sich die Anzahlen aller Flaschen:

Apfelsaft:	$x = 12$
Orangensaft:	$\frac{x}{2} = 6$
Mineralwasser:	$7x = 84$
Birnensaft:	$\frac{x}{2} + 4 = 10$
Kirschsaft:	$= 8$

2. Das Volumen V des Restkörpers ergibt sich als Differenz des Volumens V_Q des Quaders abzüglich
    des Volumens V_P des Prismas. Um das Prisma zu berechnen, wird die fehlende Seite x (in der
    Skizze als Strichlinie dargestellt) der dreieckigen Grundfläche A_G mit Hilfe des Satz des Pythagoras
    bestimmt (in cm):

Skizze

$$10^2 = x^2 + 6^2 \qquad | - 6^2$$
$$\Longleftrightarrow \qquad x^2 = 10^2 - 6^2 \qquad | \sqrt{}$$
$$\Longleftrightarrow \qquad x = \sqrt{10^2 - 6^2}$$
$$\Longleftrightarrow \qquad \underline{x = 8}$$

10 cm   x

6 cm

Das Volumen des Prismas ergibt sich dann aus dem Produkt von Grundfläche und Höhe:

Skizze

$$V_P = A_G \cdot h$$
$$= \frac{1}{2} \cdot 8\,\text{cm} \cdot 6\,\text{cm} \cdot 12\,\text{cm}$$
$$= \underline{288\,\text{cm}^3}$$

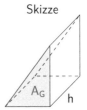

A_G h

Über die berechnete Länge x kann nun auch das Volumen des Quaders berechnet werden:

$$V_Q = 12\,cm \cdot 12\,cm \cdot (3+8)\,cm$$
$$= \underline{1\,584\,cm^3}$$

Als Differenz ergibt sich nun das gesuchte Volumen des Restkörpers:

$$V = 1\,548\,cm^3 - 288\,cm^3 = \underline{1\,296\,cm^3}$$

3. a) Er gibt $\dfrac{3}{8}$ der anfänglichen 56 000 € aus. Dies entspricht

$$56\,000\,€ \cdot \frac{3}{8} = \underline{21\,000\,€}.$$

b) Zum Anlegen bleiben ihm noch das Startguthaben abzüglich dem Geld für die Wohnungsein-richtung und dem verliehenen Geld:

$$56\,000\,€ - 21\,000\,€ - 12\,000\,€ = \underline{23\,000\,€}$$

Gegeben: Kapital (K) = 23 000 €; Zinssatz (p) = 0,60 %; Monate(t) = 9
Gesucht: Zinsen (Z)
Lösung:

$$Z = \frac{K \cdot p \cdot t(Monate)}{100 \cdot 12} = \frac{23\,000 \cdot 0,60 \cdot 9}{100 \cdot 12} = \underline{103,50\,€}$$

Das Sparkonto hat also einen Stand von

$$23\,000\,€ + 103,50\,€ = \underline{23\,103,50\,€}$$

c) **Gegeben:** Kapital (K) = 12 000 €; Zinsen(Z) =150 €; Jahre(t) = 1
Gesucht: Zinssatz (p)
Lösung:

$$p = \frac{Z \cdot 100}{K \cdot t} = \frac{50 \cdot 100}{12\,000} = \underline{1,25\,\%}$$

Die beiden hatten einen Zinssatz von <u>1,25 %</u> vereinbart.

4. a) Wenn pro Fahrt 9,8 m³ transportiert werden können, ergibt sich die Anzahl der nötigen Fahrt als Quotient der Gesamtmenge und der pro Fahrt transportierten Menge:

$$73 : 9,8 = 7,44...$$

Da die Anzahl der Fahrten aber eine ganze Zahl sein muss, muss hier aufgerundet werden und der LKW muss <u>mindestens 8 mal fahren</u>.

b) Die Gesamtzeit wird zunächst in Minuten umgerechnet:

$$4\,h\ 48\,min \mathrel{\hat=} \underline{288\,min}$$

Für 8 Fahrten werden also 288 Minuten benötigt. Für eine Fahrt braucht der LKW somit also 288 min : 8 = <u>36 min</u>.

c) Wie oben wird die Gesamtmenge durch die Menge dividiert, die ein Laster transportieren kann:

$$73 : 13{,}1 = 5{,}57\ldots$$

Wieder wird aufgerundet, es werden also 6 Fahrten benötigt. Da er pro Fahrt 36 Minuten brauch, benötigt er insgesamt $36\,\text{min} \cdot 6 = 216\,\text{min}$. Damit werden also

$$288\,\text{min} - 216\,\text{min} = \underline{72\,\text{min}}$$

an Zeit eingespart.

1. Löse folgende Gleichung:

$(3{,}2 - 3{,}75x) : 0{,}5 - 1{,}75x = 0{,}25 \cdot (12{,}2x - 0{,}8) - (9{,}3x - 3{,}3)$ (4 Pkt.)

2. Frau Ohlmüller kauft Geburtstagsgeschenke für ihre Kinder.

   a) In einem Bekleidungsgeschäft findet sie folgendes Angebot:

Auf diese Preise: 15 % Rabatt!	
Hose:	48,00 €
Jacke:	69,90 €
Gürtel:	16,00 €
Hemd:	35,20 €

   Beim Kauf von mindestens zwei Artikeln werden auf den verbilligten Preis nochmals 5 % Ermäßigung gewährt. Für ihren Sohn kauft sie eine Hose und einen Gürtel.

   Was kosten die Hose und der Gürtel zusammen?

   b) In einem Online-Shop kauft sie für ihre Tochter ein Brettspiel, das von 44,50 € auf 35,60 € reduziert wurde.

   Berechne den Preisnachlass in Prozent.

   c) Zusätzlich bestellt sie beim Online-Shop ein Kartenspiel für 5,90 €. Frau Ohlmüller erhält 2 % Skonto und muss keine Versandkosten bezahlen.

   Wie viel muss sie für ihren gesamten Einkauf an den Online-Shop überweisen?

   (4 Pkt.)

3. Der Flächeninhalt des Halbkreises beträgt 3,5325 cm².

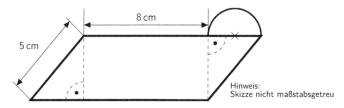

8 cm

5 cm

Hinweis:
Skizze nicht maßstabsgetreu

Berechne den Flächeninhalt des Parallelogramms. (4 Pkt.)

Fortsetzung nächste Seite

4. In manchen Ländern wird die Temperatur nicht in der Einheit Grad Celsius (°C) gemessen, sondern in Grad Fahrenheit (°F).

Mit folgender Formel kann man beide Einheiten umrechnen:

$$F = C \cdot 1{,}8 + 32$$

F: Temperatur in °F
C: Temperatur in °C

a) Berechne die gesuchten Werte der Tabelle unter Verwendung der Formel:

C:	37 °C	?	?	−15 °C
F:	?	50 °F	32 °F	?

b) Trage die Wertepaare in ein Koordinatensystem ein und zeichne den entstehenden Grafen.

Rechtswertachse: 10 °C $\triangleq$ 1 cm
Hochwertachse: 20 °F $\triangleq$ 1 cm

(4 Pkt.)

1. Die Gleichung wird zusammengefasst, vereinfacht und aufgelöst:

$$(3,2 - 3,75x) : 0,5 - 1,75x = 0,25 \cdot (12,2x - 0,8) - (9,3x - 3,3)$$

$$\Longleftrightarrow \quad 6,4 - 7,5x - 1,75x = 3,05x - 0,2 - 9,3x + 3,3$$

$$\Longleftrightarrow \quad 6,4 - 9,25x = -6,25x + 3,1 \qquad\qquad | + 9,25x$$

$$\Longleftrightarrow \quad 6,4 = 3x + 3,1 \qquad\qquad | - 3,1$$

$$\Longleftrightarrow \quad 3,3 = 3x \qquad\qquad | : 3$$

$$\Longleftrightarrow \quad \underline{1,1 = x}$$

2. a) Hose und Gürtel kosten ohne Vergünstigung zusammen $48\,€ + 16\,€ = 64\,€$. Zunächst werden auf diesen Preis 15 % Rabatt gewährt. Es bleiben also 85 % des Preises:
   Gegeben: Grundwert (G) = $64\,€$; Prozentsatz (p) = 85 %
   Gesucht: Prozentwert (P)

   Lösung mit Dreisatz: **Lösung durch Formel:**

   Prozent | Euro

   $100\,\% \;\hat{=}\; 64\,€ \qquad | : 100$

   $1\,\% \;\hat{=}\; 0,64\,€ \qquad | \cdot 85$

   $85\,\% \;\hat{=}\; \underline{54,40\,€}$

   $$P = \frac{G \cdot p}{100}$$
   $$= \frac{64 \cdot 85}{100} = \underline{54,40\,€}$$

   Von diesem Preis werden erneut 5 % abgezogen, sodass vom Preis 95 % verbleiben:
   Gegeben: Grundwert (G) = $54,40\,€$; Prozentsatz (p) = 95 %
   Gesucht: Prozentwert (P)

   Lösung mit Dreisatz: **Lösung durch Formel:**   Nach Ab-

   Prozent | Euro

   $100\,\% \;\hat{=}\; 54,40\,€ \qquad | : 100$

   $1\,\% \;\hat{=}\; 0,544\,€ \qquad | \cdot 95$

   $95\,\% \;\hat{=}\; \underline{51,68\,€}$

   $$P = \frac{G \cdot p}{100}$$
   $$= \frac{54,40 \cdot 95}{100} = \underline{51,68\,€}$$

   zug aller Vergünstigungen zahlt sie also noch $\underline{51,68\,€}$.

   b) Sie hat beim Kauf $44,50\,€ - 35,60\,€ = 8,90\,€$ gespart.
   Gegeben: Grundwert (G) = $44,50\,€$;Prozentwert (P) = $8,90\,€$
   Gesucht: Prozentsatz (p)

   Lösung mit Dreisatz: **Lösung durch Formel:**

   Prozent | Euro

   $100\,\% \;\hat{=}\; 44,50\,€ \qquad | : 44,50$

   $2,25\,\% \;\hat{=}\; 1\,€ \qquad | \cdot 8,90$

   $20\,\% \;\hat{=}\; \underline{8,90\,€}$

   $$p = \frac{P \cdot 100}{G}$$
   $$= \frac{8,90 \cdot 100}{44,50} = \underline{20\,\%}$$

   Sie hat somit $\underline{20\,\%}$ gespart.

   c) Ohne Abzug des Skonto lautet der Gesamtbetrag $35,60\,€ + 5,90\,€ = 41,50\,€$. Werden darauf noch 2 % Skonto gewährt, verbleiben also 98 % des Preises:

Gegeben: Grundwert (G) = 41,50 €; Prozentsatz (p) = 98 %
Gesucht: Prozentwert (P)

Lösung mit Dreisatz: **Lösung durch Formel:**

Prozent | Euro

$$100\,\% \;\hat{=}\; 41{,}50\,€ \qquad |:100$$
$$1\,\% \;\hat{=}\; 0{,}415\,€ \qquad |\cdot 98$$
$$98\,\% \;\hat{=}\; \underline{40{,}67\,€}$$

$$P = \frac{G\cdot p}{100}$$
$$= \frac{41{,}50 \cdot 98}{100} = \underline{\underline{40{,}67\,€}}$$

Für ihren gesamten Einkauf zahlt sie also 40,67 €.

3. Aus dem gegebenen Flächeninhalt des Halbkreises lässt sich der Durchmesser des Halbkreises ermitteln. Der Flächeninhalt eines Kreises ergibt sich mittels der Formel $A = \frac{\pi}{4}d^2$. Die Hälfte dieses Wertes ist somit der Flächeninhalt des Halbkreises, also $A = \frac{1}{2}\cdot\frac{\pi}{4}d^2$:

$$A = \frac{1}{2}\cdot\frac{\pi}{4}d^2 \qquad |\cdot 2$$
$$\Longleftrightarrow \quad 2A = \frac{\pi}{4}d^2 \qquad |\cdot 4$$
$$\Longleftrightarrow \quad 8A = \pi\cdot d^2 \qquad |:\pi$$
$$\Longleftrightarrow \quad \frac{8}{\pi}A = d^2 \qquad |\sqrt{\;}$$
$$\Longleftrightarrow \quad d = \sqrt{\frac{8}{\pi}A}$$
$$\Longleftrightarrow \quad d = \sqrt{\frac{8}{3{,}14}\cdot 3{,}5325\,cm^2}$$
$$\Longleftrightarrow \quad \underline{d = 3\,cm}$$

Mittels dieser Größe kann nun die Höhe h des Parallelogramms mit dem Satz des Pythagoras berechnet werden (in cm):

$$5^2 = h^2 + 3^2 \qquad |-3^2$$
$$\Longleftrightarrow \quad 16 = h^2 \qquad |\sqrt{\;}$$
$$\Longleftrightarrow \quad \underline{h = 4}$$

Skizze
3 cm

h   5 cm

Skizze

h = 4 cm

g = 11 cm

Damit kann nun der Flächeninhalt des Parallelogramms mit Hilfe der Formel $A = g\cdot h$ berechnet werden. Dabei ist g die Grundseite und beträgt hier 8 cm + 3 cm = 11 cm.

$$A = g\cdot h = 11\,cm \cdot 4\,cm = \underline{44\,cm^2}$$

4. a) Um aus den Angaben in Grad Celsius in Grad Fahrenheit umzurechnen, kann man den Wert in die gegebene Formel einsetzen. Um umgekehrt zu rechnen, wird die Formel umgestellt:

$$F = C\cdot 1{,}8 + 32 \qquad |-32$$

$$\Longleftrightarrow \qquad F - 32 = C \cdot 1,8 \qquad \qquad | : 1,8$$

$$\Longleftrightarrow \qquad C = \frac{F - 32}{1,8}$$

Je nach gesuchter Größe kann nun in die Formel eingesetzt werden, um den zugehörigen Wert zu bestimmen. Damit ergibt sich folgenden Tabelle:

C:	37 °C	10 °C	0 °C	−15 °C
F:	98,6 °F	50 °F	32 °F	5 °F

b) Diese Wertepaare können nun in ein Koordinatensystem eingetragen und zu einer Geraden verbunden werden:

(**Hinweis:** Die Darstellung ist nicht maßstabsgetreu, da die Zeichnung für den Buchdruck skaliert wurde.)

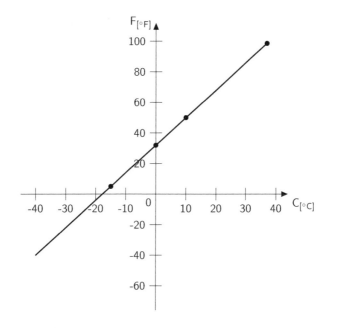

1. Löse folgende Gleichung:

$$\frac{6x+5}{10} - \frac{2x}{5} - \frac{1}{10} = \frac{1}{2} - \frac{x-5}{4}$$ (4 Pkt.)

2. a) Zeichne in ein Koordinatensystem mit der Einheit 1 cm die Punkte A($-1\,|-2$) und B($4\,|\,3{,}5$) ein und verbinde sie zur Strecke [AB].

   b) Der Punkt M halbiert die Strecke [AB].

      Trage M ein.

   c) Die Strecke [AM] ist eine Seite des gleichseitigen Dreiecks AMD.

      Zeichne dieses Dreieck.

   d) Die Strecken [AD] und [AB] sind Seiten eines Parallelogramms.

      Wähle den Punkt C so, dass das Parallelogramm ABCD entsteht und zeichne es.

   (4 Pkt.)

3. Berechne den Flächeninhalt der gesamten schraffierten Fläche.

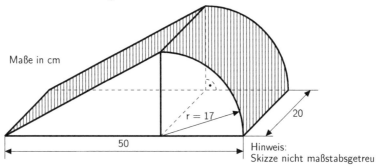

Maße in cm

r = 17

20

50

Hinweis:
Skizze nicht maßstabsgetreu

(4 Pkt.)

4. **Durchschnittliche Lebenserwartung in Deutschland (in Jahren):**

Geburtsjahrgang	Männer	Frauen
1910	47,41	50,68
1950	63,95	68,02
1980	69,62	?
2000	75,04	81,12
2005	76,57	82,10
2010	77,70	82,74

(Quelle: nach Statistisches Bundesamt)

   a) Betrachte den Geburtsjahrgang 2000: Um wie viel Prozent ist die Lebenserwartung der Frauen höher als die der Männer?

   b) Die Lebenserwartung der Frauen der Geburtsjahrgänge von 1980 bis 2010 ist um 8,63 % gestiegen.

      Berechne die Lebenserwartung der Frauen des Geburtsjahrgangs 1980.

   c) Stelle die Lebenserwartung der Männer, der Geburtsjahrgänge 1910, 1950 und 2010 in einem Säulendiagramm dar.

      (10 Lebensjahre $\hat{=}$ 1 cm)

   (4 Pkt.)

1. Zunächst werden die Brüche aufgelöst. Dann kann die Gleichung zusammengefasst und umgeformt und damit gelöst werden:

$$\frac{6x + 5}{10} - \frac{2x}{5} - \frac{1}{10} = \frac{1}{2} - \frac{x - 5}{4}$$

$\iff \quad 0{,}6x + 0{,}5 - 0{,}4x - 0{,}1 = 0{,}5 - 0{,}25x + 1{,}25 \qquad$ |Umformung in Dezimalzahlen

$\iff \qquad\qquad\quad 0{,}2x + 0{,}4 = 1{,}75 - 0{,}25x \qquad\qquad$ $| + 0{,}25x$

$\iff \qquad\qquad\quad 0{,}45x + 0{,}4 = 1{,}75 \qquad\qquad\qquad$ $| - 0{,}4$

$\iff \qquad\qquad\qquad\quad 0{,}45x = 1{,}35 \qquad\qquad\qquad$ $| : 0{,}45$

$\iff \qquad\qquad\qquad\qquad\quad \underline{x = 3}$

2. a) Die Zeichnung findet sich am Ende der Aufgabe.

    b) Der Mittelpunkt kann entweder durch Messung oder rechnerisch bestimmt werden. Dazu werden die Differenzen der x- und y-Koordinaten der Punkte A und B gebildet, halbiert und zu den Koordinaten von Punkt A addiert:

    $$\text{Differenz x-Koordinaten:} \quad 4 - (-1) = 5$$
    $$\text{Differenz y-Koordinaten:} \quad 3{,}5 - (-2) = 5{,}5$$

    Der halbe Wert wird nun zu den Koordinaten von Punkt A addiert:

    $$\text{x-Koordinate:} \quad -1 + \frac{5}{2} = 1{,}5$$
    $$\text{y-Koordinate:} \quad -2 + \frac{5{,}5}{2} = 0{,}75$$

    Die Koordinaten des Mittelpunktes lauten also $\underline{M\,(1{,}5\,|\,0{,}75)}$.

    c) Um ein gleichseitiges Dreieck zu schaffen wird von den Punkten A und M jeweils die Strecke [AM] abgetragen. Es ergibt sich dann ein Schnittpunkt D (− 2 | 1,5) so dass das Dreieck AMD gleichseitig ist.

    d) Zu den Seiten [AB] und [AD] wird jeweils eine parallele Seite gezeichnet, diese schneiden sich im Punkt C (3 | 7). Zeichnung: Siehe nächste Seite.

(**Hinweis:** Die Darstellung ist nicht maßstabsgetreu, da die Zeichnung für den Buchdruck skaliert wurde.)

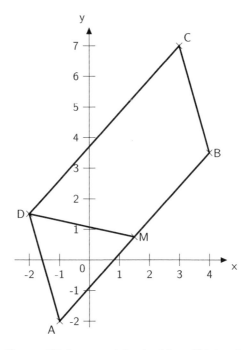

3. Die rechte Seite der schraffierten Fläche entspricht der Mantelfläche eines Viertelzylinders. Die Mantelfläche eines Vollzylinders ergibt sich zu $A_M = 2\pi \cdot r \cdot h$. Demnach ergibt sich die Mantelfläche eines Viertelzylinders zu $A_M = (2\pi \cdot r \cdot h) : 4$, also:

$$A_M = (2\pi \cdot r \cdot h) : 4$$
$$= (2 \cdot 3{,}14 \cdot 17\,cm \cdot 20\,cm) : 4$$
$$= \underline{533{,}8\,cm^2}$$

Im linken Teil der Figur ist ein Dreieck zu sehen. Die untere Seite des Dreiecks ergibt sich aus der Differenz der gesamten Kante von 50 cm abzüglich des Radius von 17 cm zu 50 cm − 17 cm = 33 cm. Die rechte Seite des Dreiecks ist gerade der Radius, also 17 cm. Damit kann die Hypotenuse x des Dreiecks mit Hilfe des Satzes des Pythagoras berechnet werden (in cm):

Skizze

$$x^2 = 33^2 + 17^2 \qquad |\sqrt{}$$
$$\Longleftrightarrow \qquad x = \sqrt{33^2 + 17^2}$$
$$\Longleftrightarrow \qquad x = 37{,}121... \approx \underline{37{,}12}$$

x

17 cm

50 cm − 17 cm = 33 cm

Damit kann nun der Flächeninhalt A_R des schraffierten Rechtecks ausgerechnet werden:

$$A_R = 20\,cm \cdot 37{,}12\,cm = \underline{742{,}4\,cm^2}$$

Die gesamte gesuchte, schraffierte Fläche ergibt sich als Summe der Mantelfläche A_M des Viertelzylinders und der Fläche A_R des Rechtecks:

$$A = A_M + A_R = 533{,}8\,cm^2 + 742{,}4\,cm^2 = \underline{1\,276{,}2\,cm^2}$$

2014

4.　a) Die Differenz der Lebenserwartung von Mann und Frau beträgt $81{,}12 - 75{,}04 = 6{,}08$ Jahre. Damit ergibt sich der Prozentsatz aus dem Verhältnis dieser Differenz und der Lebenserwartung der Männer:

Lösung mit Dreisatz:　　　　　**Lösung durch Formel:**

　　Prozent | Euro

$\qquad 100\,\% \triangleq 75{,}04 \qquad | : 75{,}04$

$\qquad 1{,}33\,\% \triangleq 1\,€ \qquad | \cdot 6{,}08$

$\qquad \underline{8{,}1\,\% \triangleq 6{,}08\,€}$

$$p = \frac{P \cdot 100}{G}$$
$$= \frac{6{,}08 \cdot 100}{75{,}04} \approx \underline{8{,}1\,\%}$$

Die Lebenserwartung der Frauen ist im Jahre 2000 etwa $\underline{8{,}1\,\%}$ höher.

b) Die Lebenserwartung von 82,74 Jahren entspricht $100\,\% + 8{,}63\,\% = 108{,}63\,\%$. Damit entspricht die Lebenserwartung im Jahr 1980 also 100 %. Dieser Wert lässt sich mit dem Dreisatz finden:

Lösung mit Dreisatz:

　　　　　Prozent | Jahre

$\qquad 108{,}63\,\% \triangleq 82{,}74 \text{ Jahren} \qquad\qquad\qquad | : 108{,}63$

$\qquad\quad 1\,\% \triangleq \dfrac{82{,}74}{108{,}63} \text{ Jahren} \qquad\qquad | \cdot 100$

$\qquad 100\,\% \triangleq 76{,}166... \text{ Jahren} \approx 76{,}17 \text{ Jahren}$

Die Lebenserwartung für Frauen lag im Jahre 1980 etwa bei $\underline{76{,}17 \text{ Jahren}}$.

c) Auf der Hochwertachse (y-Achse) wird die Lebenserwartung in Jahren dargestellt. Wenn 10 Lebensjahre einem Zentimeter entsprechen, so ergeben sich die Höhen der Balken der Jahre wie folgt:

$$
\begin{array}{lll}
1910 : & 47{,}41 \text{ Jahre} \triangleq 4{,}7\,\text{cm} \\
1950 : & 63{,}95 \text{ Jahre} \triangleq 6{,}4\,\text{cm} \\
2010 : & 77{,}70 \text{ Jahre} \triangleq 7{,}8\,\text{cm}
\end{array}
$$

Damit ergibt sich folgendes Säulendiagramm:
(**Hinweis:** Die Darstellung ist nicht maßstabsgetreu, da die Zeichnung für den Buchdruck skaliert wurde.)

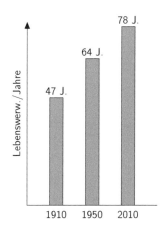

Angaben A

1. Schreibe den jeweils durchgeführten Rechenschritt in die Kästchen.

$$3{,}3x + \frac{2}{5} = x - \frac{3}{4} \qquad | \quad \boxed{\cdot 20}$$

$$66x + 8 = 20x - 15 \qquad | \quad \boxed{}$$

$$66x = 20x - 23 \qquad | \quad \boxed{}$$

$$46x = -23 \qquad | \quad \boxed{}$$

$$x = -0{,}5$$

(1,5 Pkt.)

2. Setze die 4 Symbole △, ○, □ und ♡ so ein, dass sie in jeder Zeile, in jeder Spalte und in jedem 4er-Block genau einmal vorkommen.

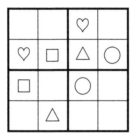

(1,5 Pkt.)

3. Wie groß ist ungefähr der Flächeninhalt eines 5-Euro-Scheines?

Kreuze an: ○ 740 dm²   ○ 740 mm²   (0,5
            ○ 74 cm²   ○ 74 mm²

4. Bestimme den Winkel δ rechnerisch (siehe Skizze).

 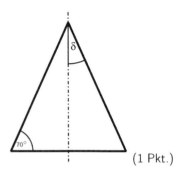

(1 Pkt.)

Fortsetzung nächste Seite

5. Entscheide mit Hilfe des Diagramms, ob die folgenden Aussagen richtig oder falsch sind.

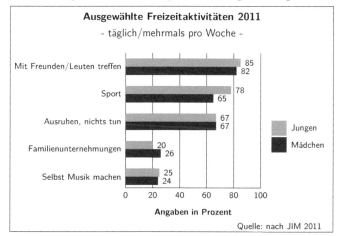

Kreuze entsprechend an:

		richtig	falsch
a)	Ein Viertel der befragten Jungen macht gerne selbst Musik.	☐	☐
b)	Jungen nehmen lieber an Familienunternehmungen teil als Mädchen.	☐	☐
c)	Am liebsten treffen sich Jungen und Mädchen mit Freunden/Leuten.	☐	☐
d)	Durchschnittlich ruhen sich die befragten Jugendlichen mehr aus als Sport zu treiben.	☐	☐

(2 Pkt.)

6. Stefan ist heute 25 Jahre alt und wiegt 70 kg. Bei seiner Geburt wog er 3 500 g.

Ermittle, wie viel Prozent seines heutigen Gewichts das sind.

(2 Pkt.)

7. Wie groß ist der Flächeninhalt des Segels (siehe Skizze)?

(1 Pkt.)

Fortsetzung nächste Seite

8. Wie viel Prozent der Gesamtfläche nimmt die Fläche des grau gefärbten Quadrats ein (siehe Skizze)?

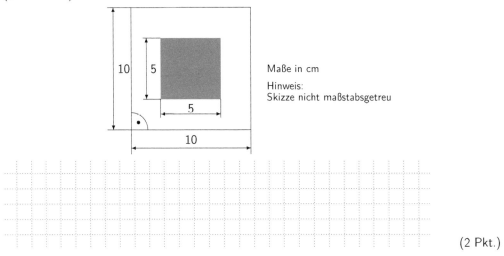

Maße in cm

Hinweis:
Skizze nicht maßstabsgetreu

(2 Pkt.)

9. Die Figur 2 ist eine Spiegelung der Figur 1. Zeichne die Spiegelachse ein.

Figur 1

Figur 2

(1 Pkt.)

10. Bei einem Spiel mit nur einem Würfel steht Markus mit der ersten Spielfigur bereits im Ziel, mit der zweiten kurz davor (siehe Skizze).

Wie groß ist die Chance, dass er mit dem nächsten Wurf mit der zweiten Spielfigur eines der Zielfelder erreicht?

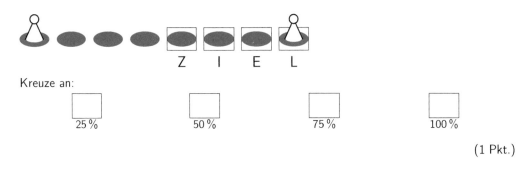

Z   I   E   L

Kreuze an:

☐ 25 %   ☐ 50 %   ☐ 75 %   ☐ 100 %

(1 Pkt.)

Fortsetzung nächste Seite

11. Welche Tabelle zeigt eine direkt proportionale Zuordnung?

Kreuze an:

○　　　　　　　　○　　　　　　　　○　　　　　　(1 Pkt.)

Bananen	
1 kg	2,30 €
3 kg	6,50 €
5 kg	10,00 €

Trüffel	
0,5 g	20 €
1 g	40 €
2 g	80 €

Ananas	
1 Stück	2 €
2 Stück	4 €
3 Stück	5 €

12. Berechne aufgrund der Vorgabe von 500 Weizenpflanzen pro m² die Anzahl der Weizenpflanzen auf einem km². Schreibe das Ergebnis als Zehnerpotenz.

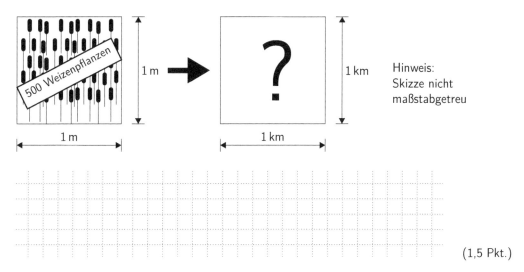

Hinweis:
Skizze nicht
maßstabgetreu

(1,5 Pkt.)

1. Generell betrachtet man, welche Veränderungen von Zeile zu Zeile vorgenommen werden. Von Zeile 2 zu Zeile 3 fällt der Summand +8 auf der linken Seite weg. Es liegt also nahe, dass bei der Gleichung auf beiden Seiten 8 subtrahiert wurde. Auf der rechten Seite bestätigt sich dies. Die zweite Zeile lautet also:

$$66x + 8 = 20x - 15 \qquad | - 8$$

Entsprechend entfällt von Zeile 3 zu Zeile 4 der Summand 20x. Es werden also 20x subtrahiert. Von Zeile 4 zu Zeile 5 schließlich wird durch 46 dividiert. Die kompletten Rechenschritte lauten dann:

$$
\begin{aligned}
3{,}3x + \frac{2}{5} &= x - \frac{3}{4} & | \cdot 20 \\
66x + 8 &= 20x - 15 & | - 8 \\
66x &= 20x - 23 & | - 20x \\
46x &= -23 & | : 46 \\
\underline{x} &= \underline{-0{,}5}
\end{aligned}
$$

2. Es ist hilfreich, ein Symbol zu betrachten. Beginnt man beispielsweise mit dem Dreieck △, so kann das Dreieck im linken oberen 4er-Block **oder** im rechten unteren 4er-Block eingetragen werden. Dabei sind die Zeilen, Spalten und 4er-Blöcke auszuschließen, in denen es bereits ein solches Symbol gibt. Wenn diese exemplarisch gestrichen werden, so ergibt sich folgendes Bild:

Es ist nun klar, in welche Felder der beiden 4er-Blöcke noch ein Dreieck eingetragen werden muss. Damit ergibt sich folgendes Bild:

Entsprechend kann mit den weiteren fehlenden Symbolen verfahren werden. Hilfreich ist es auch, in 4er-Blöcken, in denen bereits 3 Symbole vorhanden sind, das vierte sofort zu ergänzen. Schließlich ergibt sich die komplette Lösung:

3. Es ist nötig, die Kantenlängen eines 5-Euro-Scheines in etwa abzuschätzen. So kann ermittelt werden, welche der Möglichkeiten die richtige Größenordnung besitzt. Schätzt man die kürzere Kantenlängen eines 5-Euro-Scheines auf 5 cm – 7 cm und die längere auf 10 cm – 14 cm, ergibt sich als minimale bzw. maximale Fläche 5 cm · 10 cm = 50 cm² (minimal) bzw. 7 cm · 14 cm = 98 cm² (maximal).

Damit ist zu erkennen, welche Größenordnung richtig ist. Das korrekte Ergebnis lautet also <u>74 cm²</u>.

4. Wenn das Dreieck symmetrisch zu der mittleren Achse ist, so ist es gleichschenklig. Die beiden Basiswinkel unten im Dreieck sind beide 70° groß. Da die Innenwinkelsumme im Dreieck 180° beträgt, ist der Winkel in der oberen Spitze des Dreiecks

$$180° - 70° - 70° = \underline{40°}.$$

Wenn der gesamte Winkel in der Spitze 40° beträgt, so ist der Winkel δ aufgrund der Symmetrie halb so groß. Es gilt also <u>δ = 20°</u>.

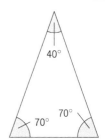

5. a) **richtig.** 25 % der befragten Jungen machen gern selbst Musik. 25 % entsprechen gerade einem Viertel.

   b) **falsch.** 26 % der Mädchen nehmen gern an Familienunternehmungen teil. Das sind mehr als 20 % bei den Jungen. Mädchen tun dies also lieber.

   c) **richtig.** Bei Jungen und Mädchen ist der Prozentsatz für das Treffen mit Freunden/Leuten am höchsten.

   d) **falsch.** Betrachtet man, wie beliebt etwas durchschnittlich ist, so entspricht dies dem Mittelwert der Prozentsätze von Jungen und Mädchen. Es ruhen sich durchschnittlich also

$$\frac{67\% + 67\%}{2} = \underline{67\%}$$

   aus. Dagegen treiben durchschnittlich

$$\frac{78\% + 65\%}{2} = \underline{71,5\%}$$

   Sport. Durchschnittlich treiben die Befragten also lieber Sport, statt sich auszuruhen.

6. Sein Geburtsgewicht wird zunächst in Kilogramm umgerechnet:

$$3\,500\,g = 3,5\,kg$$

Gegeben: Grundwert (G) = 70 kg; Prozentwert (P) = 3,5 kg
Gesucht: Prozentsatz (p)

Lösung mit Dreisatz: **Lösung durch Formel:**

Prozent	Kilogramm	
100 % $\stackrel{\wedge}{=}$ 70 kg	$\mid : 70$	
1,43 % $\stackrel{\wedge}{=}$ 1 kg	$\mid \cdot 3,5$	
<u>5 %</u> $\stackrel{\wedge}{=}$ 3,5 kg		

$$p = \frac{P \cdot 100}{G}$$
$$= \frac{3,5 \cdot 100}{70} \approx \underline{5\%}$$

Sein Geburtsgewicht entspricht <u>5 %</u> seines heutigen Gewichts.

7. Die Fläche des Segels entspricht der Fläche des rechteckigen Dreiecks, welche sich wie folgt berechnet:

Skizze

$$A = \frac{1}{2} \cdot g \cdot h = \frac{1}{2} \cdot 6\,m \cdot 8\,m = \underline{24\,m^2}$$

8. Zunächst werden die Flächen des grauen und des weißen Quadrates berechnet.

Weißes Quadrat:

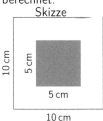

Skizze

$$10\,cm \cdot 10\,cm = \underline{100\,cm^2}$$

Graues Quadrat:

$$5\,cm \cdot 5\,cm = \underline{25\,cm^2}$$

Lösung mit Dreisatz: **Lösung durch Formel:** Das

Prozent | Fläche
$100\,\% \stackrel{\wedge}{=} 100\,cm^2$ $|:100$
$1\,\% \stackrel{\wedge}{=} 1\,cm^2$ $|\cdot 25$
$\underline{25\,\%} \stackrel{\wedge}{=} 25\,cm^2$

$$p = \frac{P \cdot 100}{G}$$
$$= \frac{25 \cdot 100}{100} \approx \underline{25\,\%}$$

grau gefärbte Quadrat nimmer $\underline{25\,\%}$ der Gesamtfläche ein.

9. Es ist hilfreich, eine Verbindungslinie zwischen zwei Ecken einzuzeichnen, welche symmetrisch zueinander sind. Hier wurden die beiden Ecken gewählt, die bei den beiden Figuren jeweils ganz rechts oder links sind, also die, die am nächsten zusammenliegen. Die Mittelsenkrechte dieser Verbindungslinie ist die Symmetrieachse.

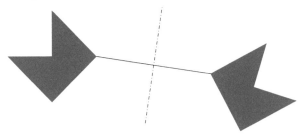

10. Eine 1,2 oder 3 würden nicht reichen, um ins Ziel zu gelangen. Würfelt er dagegen eine 4,5 oder 6, gelangt er ins Ziel. In 3 von 6 Fällen erreicht er also das Ziel. Die Chance beläuft sich also auf

$$\frac{3}{6} = 0,5 \stackrel{\wedge}{=} \underline{50\,\%}.$$

11. Die Zuordnung ist proportional, wenn der Preis um den selben Faktor steigt wie die Menge.

Die Bananen sind beispielsweise nicht proportional. Für eine proportionale Zuordnung würde gelten:

$$\cdot 3 \left(\begin{array}{l} 1\,kg = 2,30\,€ \\ 3\,kg = 6,90\,€ \end{array} \right. \cdot 3$$

In der Tabelle sind es aber 6,50 €, also keine proportionale Zuordnung.

Wäre die Zuordnung der Ananas proportional, würde gelten:

$$\cdot 3 \left(\begin{array}{l} 1\,\text{Stück} = 2\,€ \\ 3\,\text{Stück} = 6\,€ \end{array} \right) \cdot 3$$

Laut Tabelle kosten 3 Stück aber 5 €. Demnach handelt es sich ebenfalls nicht um eine proportionale Zuordnung.

Wenn die Zuordnung der Trüffel proportional ist, gilt:

$$\begin{array}{l} \cdot 2 \\ \cdot 2 \end{array} \left(\begin{array}{l} 0,5\,\text{g} = 20\,€ \\ 1\,\text{g} = 40\,€ \\ 2\,\text{g} = 80\,€ \end{array} \right) \begin{array}{l} \cdot 2 \\ \cdot 2 \end{array}$$

Dabei handelt es sich um die Werte der Tabelle, es liegt also eine proportionale Zuordnung vor:

12. Ein Kilometer entspricht 1 000 m. Das Feld was 1 km² groß ist, erstreckt sich also in beide Richtungen 1 000-mal so weit, wie das 1−m-Feld. Die Anzahl der Weizenpflanzen auf dem Feld ergibt sich damit wie folgt:

$$500 \cdot 1\,000 \cdot 1\,000 = 500\,000\,000 = 5 \cdot 100\,000\,000 = \underline{5 \cdot 10^8}$$

2015

1. Eine Schule kauft 86 Stühle in drei verschiedenen Farben.

    Die Anzahl der roten Stühle ist halb so groß wie die Anzahl der grünen Stühle. Von den weißen Stühlen werden 44 weniger gekauft als von den grünen Stühlen.

    Wie viele rote, grüne, und weiße Stühle werden jeweils gekauft?
    Löse mit Hilfe einer Gleichung. (4 Pkt.)

2. In zwei Geschäften wird das neue Modell eines Fernsehgerätes angeboten. In den Angebotspreisen sind jeweils 19 % Mehrwertsteuer (MwSt.) enthalten:

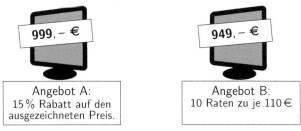

999,– €	**949,– €**
Angebot A: 15 % Rabatt auf den ausgezeichneten Preis.	Angebot B: 10 Raten zu je 110 €

    a) Berechne den zu zahlenden Preis bei Angebot A.

    b) Um wie viel Prozent erhöht sich bei Ratenzahlung der ursprüngliche Preis bei Angebot B?

    c) Wie hoch, ist der Preis eines weiteren Fernsehgerätes ohne 19 % MwSt., wenn der zu zahlende Preis mit MwSt. 979,- € beträgt?

    (4 Pkt.)

3. Aus einem regelmäßigen sechsseitigen Prisma wird ein Keil herausgeschnitten.
    Berechne die Oberfläche des dargestellten Körpers (siehe Skizze).

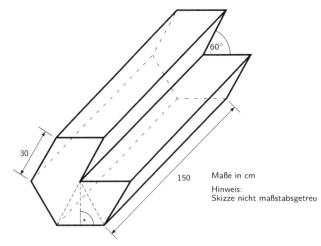

60°

30

150   Maße in cm

Hinweis:
Skizze nicht maßstabsgetreu

(4 Pkt.)

Fortsetzung nächste Seite

Fortsetzung Aufgabengruppe I

4.　Aus einer mit 150 ℓ Wasser gefüllten Wanne fließen pro Minute 20 ℓ Wasser ab.

a) Übertrage folgende Wertetabelle und ergänze sie.

Vergangene Zeit in Minuten	0,5	?	5,5
Restliche Wassermenge in der Wanne in Liter	?	90	?

b) Stelle diesen Sachzusammenhang in einem Koordinatensystem grafisch dar.

Rechtswertachse: 1 Minute $\triangleq$ 1 cm
Hochwertachse: 10 Liter $\triangleq$ 1 cm

c) Aus einem mit 3 000 ℓ Wasser gefüllten Gartenpool fließen pro Minute 40 ℓ ab.

Wie viele Stunden dauert es, bis der Pool leer ist?

(4 Pkt.)

1. Aus dem Text ergibt sich die Gesamtzahl aller Stühle zu 86. Nun wird die Anzahl der grünen Stühle als Unbekannte x gewählt, da sich die Anzahl aller anderen Stühle darauf bezieht:

$$\text{grüne Stühle} \triangleq x$$

„...die Anzahl der roten Stühle ist halb so groß wie die Anzahl der grünen Stühle...":

$$\text{rote Stühle} \triangleq \frac{x}{2}$$

„...von den weißen Stühlen werden 44 weniger gekauft also von den grünen Stühlen...":

$$\text{weiße Stühle} \triangleq x - 44$$

Nun muss die Anzahl aller drei Farben 86 sein. Damit ergibt sich folgende Gleichung, welche dann gelöst werden kann:

$$x + \frac{x}{2} + x - 44 = 86$$

$$\Longleftrightarrow \qquad 2{,}5x - 44 = 86 \qquad | + 44$$
$$\Longleftrightarrow \qquad 2{,}5x = 130 \qquad | : 2{,}5$$
$$\Longleftrightarrow \qquad \underline{x = 52}$$

Setzt man diesen Wert für x ein, ergibt sich die Anzahl aller Farben der Stühle:

grüne Stühle: $\qquad x = 52$

rote Stühle: $\qquad \dfrac{x}{2} = \dfrac{52}{2} = 26$

weiße Stühle: $\qquad x - 44 = 52 - 44 = 8$

2. a) Wenn es 15 % Rabatt gibt, so müssen noch 85 % des Preises bezahlt werden. Diese Summe lässt sich mit Hilfe des Dreisatzes oder der Formel berechnen:
   Gegeben: Grundwert (G) $= 999 €$; Prozentsatz (p) $= 85 \%$
   Gesucht: Prozentwert (P)
   Lösung mit Dreisatz: **Lösung durch Formel:**

   Prozent | Euro
   $100 \% \triangleq 999 €$ $\qquad | : 100$ $\qquad\qquad P = \dfrac{G \cdot p}{100}$

   $1 \% \triangleq 9{,}99 €$ $\qquad | \cdot 85$ $\qquad\qquad\quad = \dfrac{999 \cdot 85}{100} = \underline{849{,}15 €}$

   $85 \% \triangleq \underline{849{,}15 €}$

   Bei Angebot A müssen noch $\underline{849{,}15 €}$ gezahlt werden.

   b) Der Preis bei Ratenzahlungen beläuft sich für 10 Raten zu je 110 € auf:

   $$10 \cdot 110 € = \underline{1\,100 €}$$

   Zum einmaligen Preis von 949 € liegt demnach eine Differenz von

   $$1\,100 € - 949 € = \underline{151 €}.$$

Lösung mit Dreisatz:

Prozent | Euro

$100\,\% \triangleq 949\,\text{€}$ $| : 949$

$0{,}11\,\% \triangleq 1\,\text{€}$ $| \cdot 151$

$\underline{16\,\%} \triangleq 151\,\text{€}$

Lösung durch Formel:

$$p = \frac{P \cdot 100}{G}$$

$$= \frac{151 \cdot 100}{949} \approx \underline{16\,\%}$$

Bei Ratenzahlung erhöht sich der Preis für Angebot B um etwa $\underline{16\,\%}$.

c) Ist der Preis ohne MwSt. gesucht, so wird der Preis von 979 € mit MwSt. als 119 % angenommen. Der gesuchte Preis ohne MwSt. entspricht dann 100 % und kann mit Hilfe des Dreisatzes ermittelt werden:

Lösung mit Dreisatz:

Prozent | Euro

$119\,\% \triangleq 979\,\text{€}$ $| : 119$

$1\,\% \triangleq 8{,}22689\ldots\,\text{€}$ $| \cdot 100$

$100\,\% \triangleq 822{,}689\ldots\,\text{€} \approx 822{,}69\,\text{€}$

Der Preis ohne MwSt. liegt bei etwa $\underline{822{,}69\,\text{€}}$.

3. Die gesamte Oberfläche A entspricht der Mantelfläche M plus zweimal der Grund-/Deckfläche G.

Skizze

Da die Kantenlängen des Keils gleich der Kantenlänge des sechsseitigen Prismas ist, besteht die Mantelfläche (in der Skizze grau markiert) aus sieben gleichen Rechtecken, deren eine Seite 30 cm und deren andere Seite 150 cm lang ist. Die Mantelfläche ergibt sich damit zu

$$M = 7 \cdot 30\,\text{cm} \cdot 150\,\text{cm} = \underline{31\,500\,\text{cm}^2}.$$

Die Grundfläche (in der Skizze weiß markiert) besteht aus 5 gleichen Dreiecken. Da das Sechseck regelmäßig und gleichseitig ist, sind die kleinen Dreiecke gleichseitig. Der Fußpunkt der Höhe teilt eine Seite damit in zwei gleiche Stücke der Länge 15 cm. Damit kann die Höhe h des Dreiecks mit Hilfe des Satzes des Pythagoras berechnet werden (in cm):

Skizze

$$15^2 + h^2 = 30^2 \qquad | - 15^2$$
$$\Longleftrightarrow \quad h^2 = 30^2 - 15^2 \qquad | \sqrt{}$$
$$\Longleftrightarrow \quad h = \sqrt{30^2 - 15^2}$$
$$\Longleftrightarrow \quad h = 25{,}9807 \approx \underline{26}$$

Die Fläche der Grundseite entspricht dem 5-fachen der Fläche eines Dreiecks:

$$G = 5 \cdot \frac{1}{2} \cdot g \cdot h = 5 \cdot \frac{1}{2} \cdot 30\,\text{cm} \cdot 26\,\text{cm} = \underline{1\,950\,\text{cm}^2}$$

Damit ergibt sich die gesamte Oberfläche:

$$A = M + 2 \cdot G = 31\,500\,\text{cm}^2 + 2 \cdot 1\,950\,\text{cm}^2 = \underline{\underline{35\,400\,\text{cm}^2}}$$

4. a) Es ist gegeben, dass $1\,\text{min} \triangleq 20\,\ell$. Mit Hilfe des Dreisatzes können damit jeweils die gesuchten Zahlen in der Tabelle ermittelt werden. Dabei ist zu beachten, dass in der Tabelle die restliche Wassermenge gefragt ist, während hier zunächst die abgeflossene Menge Wasser berechnet wird. Sind noch $90\,\ell$ in der Wanne, so sind bereits $150\,\ell - 90\,\ell = 60\,\ell$ abgeflossen.
    Lösung mit Dreisatz:

Minuten	Liter			Minuten	Liter			Minuten	Liter	
$1\,\text{min}$	$\triangleq 20\,\ell$	$\mid : 2$		$1\,\text{min}$	$\triangleq 20\,\ell$	$\mid \cdot 3$		$1\,\text{min}$	$\triangleq 20\,\ell$	$\mid \cdot 5{,}5$
$0{,}5\,\text{min}$	$\triangleq 10\,\ell$			$3\,\text{min}$	$\triangleq 60\,\ell$			$5{,}5\,\text{min}$	$\triangleq 110\,\ell$	

Nach einer halben Minute sind $10\,\ell$ abgeflossen, es bleiben also noch $140\,\ell$. Nach $5{,}5\,\text{min}$ sind $110\,\ell$ abgeflossen, es bleiben noch $40\,\ell$. Schließlich ergibt sich folgende ausgefüllte Tabelle:

Vergangene Zeit in Minuten	0,5	3	5,5
Restliche Wassermenge in der Wanne in Liter	140	90	40

  b) Die drei bekannten Wertepaare können als Punkte eingetragen werden. Dann kann durch diese drei Punkte eine Gerade gezeichnet werden.

  c) Fließen pro Minute $40\,\ell$ ab, so liegt die gesamte Zeit bei $3\,000 : 40 = 75$ Minuten. Da eine Stunden $60\,\text{min}$ entspricht, ist der Pool nach $75 : 60 = 1{,}25$ Stunden leer.

Zeichnung zu 4 b (Nicht maßstabsgetreu, da für Buchdruck skaliert.):

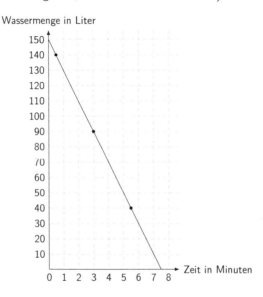

1. Löse folgende Gleichung.

$$11x - 3{,}5 \cdot (2x - 4) = \frac{12 \cdot (x + 6)}{3} - \frac{3x}{2} + 8$$ (4 Pkt.)

2. Zeichne ein Koordinatensystem mit der Einheit 1 cm.

   a) Trage die Punkte B(4|1) und D(1|2,5) ein.

   b) Die Punkte B und D sind Eckpunkte einer Raute ABCD. Eine Seitenlänge der Raute beträgt 5 cm.

      Zeichne die Raute.

      (3 Pkt.)

3.

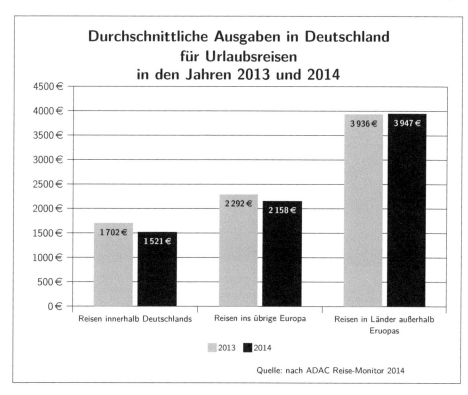

a) Um wie viel Prozent veränderten sich die Ausgaben für einen Urlaub innerhalb Deutschlands von 2013 auf 2014?

b) Stelle die Ausgaben für Urlaubsreisen innerhalb Deutschlands und ins übrige Europa sowie für Reisen in Länder außerhalb Europas für das Jahr 2013 in einem Kreisdiagramm anteilig dar (Radius 3 cm) .

(4 Pkt.)

Fortsetzung nächste Seite

Fortsetzung Aufgabengruppe II

4. Die Theatergruppe einer Mittelschule druckt für das Bühnenbild einfache achsensymmetrische Blumen (siehe Skizze) auf Stoff.
   Berechne den Flächeninhalt einer solchen Blume.

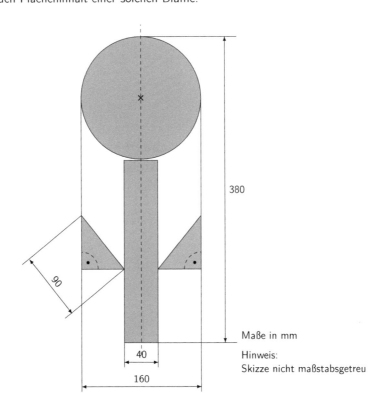

Maße in mm

Hinweis:
Skizze nicht maßstabsgetreu

(5 Pkt.)

1. Die Gleichung wird zusammengefasst, vereinfacht, und aufgelöst:

$$11x - 3{,}5 \cdot (2x - 4) = \frac{12 \cdot (x + 6)}{3} - \frac{3x}{2} + 8 \qquad \text{[Ausmultiplizieren]}$$

$$\Longleftrightarrow \qquad 11x - 7x + 14 = 4 \cdot (x + 6) - 1{,}5x + 8$$

$$\Longleftrightarrow \qquad 11x - 7x + 14 = 4x + 24 - 1{,}5x + 8$$

$$\Longleftrightarrow \qquad 4x + 14 = 2{,}5x + 32 \qquad | - 2{,}5x$$

$$\Longleftrightarrow \qquad 1{,}5x + 14 = 32 \qquad | - 14$$

$$\Longleftrightarrow \qquad 1{,}5x = 18 \qquad | : 1{,}5$$

$$\Longleftrightarrow \qquad \underline{x = 12}$$

2. a) Die Punkte B und D werden anhand ihrer Koordinaten in das Koordinatensystem eingezeichnet.

   b) In die Punkte B und D kann nun jeweils mit dem Zirkel eingestochen werden. Da die Seitenlänge der Raute 5 cm betragen soll, werden 5 cm in die Zirkelspanne genommen. Von Punkt B und D wird dann jeweils nach oben und unten ein Stück Kreisbogen mit dem Zirkel gezeichnet. Dort wo sich die Bögen von Punkt B und D jeweils schneiden, befinden sich die Eckpunkt C und A. Schließlich ergibt sich folgende Zeichnung:
   (**Hinweis:** Die Darstellung ist nicht maßstabsgetreu, da die Zeichnung für den Buchdruck skaliert wurde.)

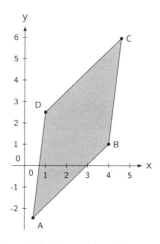

3. a) Die Ausgaben für einen Urlaub innerhalb Deutschlands lagen 2013 bei 1 702 €, 2014 nur noch bei 1 521 €. Die Abnahme der Ausgaben beläuft sich auf

$$1\,702\,€ - 1\,521\,€ = 181\,€$$

   Gegeben: Grundwert (G) = 1 702 €; Prozentwert (P) = 181 €
   Gesucht: Prozentsatz (p)

   Lösung mit Dreisatz:

   Prozent | Euro
   $$100\,\% \triangleq 1\,702\,€ \qquad | : 1\,702$$
   $$0{,}05875\,\% \triangleq 1\,€ \qquad | \cdot 181$$
   $$\underline{10{,}63\,\% \triangleq 151\,€}$$

   Lösung durch Formel:

   $$p = \frac{P \cdot 100}{G}$$
   $$= \frac{181 \cdot 100}{1\,702} \approx \underline{\underline{10{,}63\,\%}}$$

2015

Die Ausgaben für einen Urlaub innerhalb Deutschlands haben von 2013 zu 2014 um etwa 10,63 % abgenommen.

b) Es wird zunächst bestimmt, welchen Anteil die jeweiligen Zielorte an den gesamten Ausgaben haben. Dieser Anteil wird dann auf das Kreisdiagramm übertragen. Die durchschnittlichen Ausgaben aller drei Ziele zusammen betragen:

$$3\,936\,€ + 2\,292\,€ + 1\,702\,€ = 7\,930\,€$$

Daran haben die einzelnen Ziele jeweils folgenden Anteil:

Reisen innerhalb Deutschlands:
$$\frac{1\,702\,€}{7\,930\,€} = 0,2146$$
Reisen ins übrige Europa:
$$\frac{2\,292\,€}{7\,930\,€} = 0,289$$
Reisen in Länder außerhalb Europas:
$$\frac{3\,936\,€}{7\,930\,€} = 0,4963$$

Ein voller Kreis entspricht 360°. Aus den berechneten Anteilen können nun jeweils die Winkel der einzelnen Bereiche berechnet werden:

Reisen innerhalb Deutschlands:
$$360° \cdot 0,2146 = 77,256° \approx 77°$$
Reisen ins übrige Europa:
$$360° \cdot 0,289 = 104,04° \approx 104°$$
Reisen in Länder außerhalb Europas:
$$360° \cdot 0,4963 = 178,668° \approx 179°$$

Es ist nun bekannt, wie groß die Winkel der Bereiche im Kreisdiagramm sein müssen. Damit kann dieses gezeichnet werden:
(**Hinweis:** Die Darstellung ist nicht maßstabsgetreu, da die Zeichnung für den Buchdruck skaliert wurde.)

4. Der Flächeninhalt A der Blume setzt sich zusammen aus der Fläche des Kreises A_K, der Fläche des Rechtecks A_R und zweimal der Fläche eines Dreiecks A_D. Diese einzelnen Komponenten werden nun berechnet.

Der Durchmesser des Kreises ist gegeben zu d = 160 mm. Damit ergibt sich der Radius r = 80 mm. Die Fläche berechnet sich dann zu:

Skizze

$$A_K = \pi \cdot r^2 = \pi \cdot 80\,\text{mm} \cdot 80\,\text{mm} = \underline{20\,096\,\text{mm}^2}$$

Subtrahiert man von der Gesamthöhe der Blume den Durchmesser des Kreises erhält man die lange Seite b des Rechtecks (in mm):

$$b = 380 - 160 = \underline{220}$$

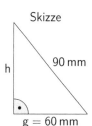

Skizze

b = 220 mm

Damit kann die Fläche des Rechtecks berechnet werden:

$$A_R = a \cdot b = 40\,\text{mm} \cdot 220\,\text{mm} = \underline{8\,800\,\text{mm}^2}$$

a = 40 mm

Die untere Kante g der Dreiecke kann wieder über die gegebenen Maße ermittelt werden. Die Gesamtbreite der Blume beträgt 160 mm und setzt sich aus der Breite des Rechtecks und zweimal der Breite der Dreiecke zusammen. Ein Dreieck hat damit eine Breite von (in mm):

$$g = \frac{1}{2} \cdot (160 - 40) = \frac{1}{2} \cdot 120 = \underline{60}$$

Über die bekannten beiden Seiten eines Dreiecks kann nun mit Hilfe des Satzes des Pythagoras die dritte Seite h berechnet werden (in mm):

$$h^2 + 60^2 = 90^2 \qquad | -60^2$$
$$\Longleftrightarrow \qquad h^2 = 90^2 - 60^2 \qquad | \sqrt{}$$
$$\Longleftrightarrow \qquad h = \sqrt{90^2 - 60^2}$$
$$\Longleftrightarrow \qquad h = 67,082... \approx \underline{67,1}$$

Skizze

h   90 mm

g = 60 mm

Damit kann die Fläche eines Dreiecks bestimmt werden:

$$A_D = \frac{1}{2} \cdot g \cdot h = \frac{1}{2} \cdot 60\,\text{mm} \cdot 67,1\,\text{mm} = \underline{2\,013\,\text{mm}^2}$$

Die Fläche der gesamten Blumen beträgt also

$$A = A_K + A_R + 2 \cdot A_D = 20\,096\,\text{mm}^2 + 8\,800\,\text{mm}^2 + 2 \cdot 2\,013\,\text{mm}^2 = \underline{32\,922\,\text{mm}^2}.$$

2015

1. Löse folgende Gleichung.

    $28x - 60{,}5 - (11x - 182) = 6 \cdot (5 - 0{,}25x) + 3 \cdot (2x + 58)$ (4 Pkt.)

2. a) Zeichne ein regelmäßiges Neuneck. Die Länge der Basisseite a beträgt 4 cm.

    b) Zeichne in das regelmäßige Neuneck ein gleichseitiges Dreieck, dessen Eckpunkte auch Eckpunkte des regelmäßigen Neunecks sind.

    (4 Pkt.)

3. Berechne das Volumen des symmetrischen Körpers.

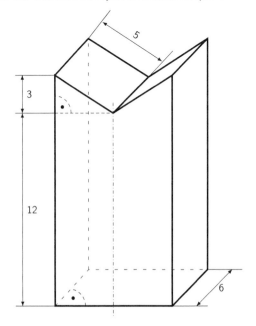

Maße in cm

Hinweis:
Skizze nicht maßstabsgetreu

(4 Pkt.)

Fortsetzung nächste Seite

Fortsetzung Aufgabengruppe III

4. Menschen leben in ihren Haushalten entweder alleine, zu zweit oder mit mehreren Personen zusammen (siehe Tabelle):

	1991	2013
Haushalte in Deutschland Insgesamt:	35 256 000	39 933 000
Haushalte nach Größe:		
Einpersonenhaushalte	33,6 %	40,5 %
Zweipersonenhaushalte	30,8 %	34,4 %
Dreipersonenhaushalte	17,1 %	12,5 %
Haushalte mit vier oder mehr Personen	18,5 %	12,6 %

Quelle: nach Statistisches Bundesamt 2014

a) Berechne den prozentualen Anstieg der Haushalte in Deutschland insgesamt von 1991 bis 2013.

b) Wie viele Dreipersonenhaushalte gab es 2013 und wie viele Menschen lebten insgesamt darin? Berechne.

c) Stelle die prozentuale Verteilung der verschiedenen Haushalte für das Jahr 2013 in einem Balkendiagramm dar ($10\,\% \triangleq 1\,cm$).

(4 Pkt.)

1. Die Gleichung wird zunächst zusammengefasst und kann dann umgeformt und gelöst werden:

$$28x - 60{,}5 - (11x - 182) = 6 \cdot (5 - 0{,}25x) + 3 \cdot (2x + 58)$$

$$\Longleftrightarrow \quad 28x - 60{,}5 - 11x + 182 = 30 - 1{,}5x + 6x + 174$$

$$\Longleftrightarrow \quad 17x + 121{,}5 = 204 + 4{,}5x \qquad | - 4{,}5x$$

$$\Longleftrightarrow \quad 12{,}5x + 121{,}5 = 204 \qquad | - 121{,}5$$

$$\Longleftrightarrow \quad 12{,}5x = 82{,}5 \qquad | : 12{,}5$$

$$\Longleftrightarrow \quad \underline{x = 6{,}6}$$

2. a) Man beginnt die Zeichnung bei dem Mittelpunkt des Neunecks. Von diesem Mittelpunkt wird ein Bestimmungsdreieck gezeichnet. Dabei ist der Winkel an der Spitze des Dreiecks beim Mittelpunkt für ein Neuneck $360° : 9 = 40°$ groß. Das Bestimmungsdreieck muss außerdem gleichschenklig sein, dass heißt, die Seiten, die vom Mittelpunkt ausgehen, sind gleich lang. Damit sind auch die Basiswinkel gleich groß. Da die Innenwinkelsumme beim Dreieck 180° beträgt, sind diese Basiswinkel $(180° - 40°) : 2 = 70°$ groß. Die dritte Seite des Bestimmungsdreiecks muss also so gezeichnet werden, dass sie mit den beiden Seiten, die zum Mittelpunkt laufen jeweils einen 70° Winkel einschließt und 4 cm lang ist. Ist dies geschehen, kann ein Kreis um den Mittelpunkt gezeichnet werden, dessen Radius eine lange Seite des Bestimmungsdreiecks ist. Von den beiden Ecken, in denen die Basiswinkel des Bestimmungsdreiecks liegen, kann nun jeweils mit Hilfe des Zirkels 4 cm weiter auf dem Kreisbogen ein Schnittpunkt markiert werden. Es wird in den bekannten Eckpunkt eingestochen. Der Schnittpunkt des Kreises mit dem neuen gesetzten Bogen des Zirkels entspricht einem neuen Eckpunkt. So kann mit allen Eckpunkten des Neunecks verfahren werden. Verbindet man diese, erhält man schließlich das Neuneck. (Zeichnung unter Teilaufgabe b))

   b) Verbindet man jeden 3. Eckpunkt miteinander, erhält man direkt ein gleichseitiges Dreieck. Schließlich ergibt sich folgende Zeichnung:
   (**Hinweis:** Die Darstellung ist nicht maßstabsgetreu, da die Zeichnung für den Buchdruck skaliert wurde.)

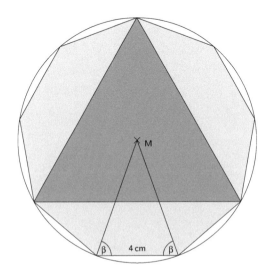

3. Das Gesamtvolumen V ergibt sich aus dem Volumen V_Q des Quaders und dem Volumen der beiden aufgesetzten dreieckigen Prismas V_P. Zunächst muss die untere Kante g des rechtwinkligen

Dreiecks berechnet werden. Dies kann mit Hilfe des Satzes des Pythagoras berechnet werden (in cm):

$$3^2 + g^2 = 5^2 \qquad |-3^2$$
$$\Longleftrightarrow \qquad g^2 = 5^2 - 3^2 \qquad |\sqrt{}$$
$$\Longleftrightarrow \qquad g = \sqrt{5^2 - 3^2}$$
$$\Longleftrightarrow \qquad \underline{g = 4}$$

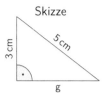

Skizze

Damit kann das Volumen eines dreiseitigen Prismas berechnet werden:

$$V_P = \frac{1}{2} \cdot g \cdot h \cdot c = \frac{1}{2} \cdot 4\,\text{cm} \cdot 3\,\text{cm} \cdot 6\,\text{cm} = \underline{36\,\text{cm}^3}$$

Skizze

Die Breite b des Quaders entspricht der doppelten Breite des Dreiecks g:

$$b = 2 \cdot g = 2 \cdot 4\,\text{cm} = \underline{8\,\text{cm}}$$

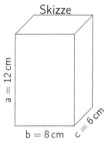

Skizze

Damit ergibt sich das Volumen des Quaders:

$$V_Q = a \cdot b \cdot c = 12\,\text{cm} \cdot 8\,\text{cm} \cdot 6\,\text{cm} = \underline{576\,\text{cm}^3}$$

Das gesamte Volumen des Körpers ergibt sich damit zu

$$V = 576\,\text{cm}^3 + 2 \cdot 36\,\text{cm}^3 = \underline{648\,\text{cm}^3}$$

4. a) Die gesamte Zunahme der Haushalte in Deutschland beläuft sich auf

$$39\,933\,000 - 35\,256\,000 = 4\,677\,000$$

Gegeben: Grundwert (G) = 35 256 000; Prozentwert (P) = 4 677 000
Gesucht: Prozentsatz (p)
Lösung mit Dreisatz: **Lösung durch Formel:**

Prozent | Haushalte

$100\,\% \, \hat{=} \, 35\,256\,000 \qquad |:100$

$1\,\% \, \hat{=} \, 352\,560$

$$p = \frac{P \cdot 100}{G}$$
$$= \frac{4\,677\,000 \cdot 100}{35\,256\,000} \approx \underline{13,27\,\%}$$

$x\,\% \, \hat{=} \, 4\,677\,000 \qquad |:352\,560$

$x \, \hat{=} \, 13,2658\,\% \approx \underline{13,27\,\%}$

Der prozentuale Anstieg der Haushalte in Deutschland beträgt $\underline{13,27\,\%}$.

b) Zunächst wird der Anteil der Dreipersonenhaushalte berechnet:
Gegeben: Grundwert (G) = 39 933 000; Prozentsatz (p) = 12,5 %

Gesucht: Prozentwert (P)

Lösung mit Dreisatz: **Lösung durch Formel:**

Prozent | Haushalte

$100\,\% \triangleq 39\,933\,000$ $|:100$ $P = \dfrac{G \cdot p}{100}$

$1\,\% \triangleq 399\,330$ $| \cdot 12{,}5$ $= \dfrac{39\,933\,000 \cdot 12{,}5}{100} = \underline{4\,991\,625}$

$12{,}5\,\% \triangleq \underline{4\,991\,625}$ |Anstieg

Leben pro Haushalt drei Personen, so leben in diesen Haushalten insgesamt

$$4\,991\,625 \cdot 3 = \underline{14\,974\,875}$$

Personen.

c) Es soll $10\,\% \triangleq 1\,\text{cm}$ gelten. Das heißt, für die Einpersonenhaushalte ergibt sich beispielsweise ein Balken, dessen Breite sich wie folgt berechnet:
Lösung mit Dreisatz:

Prozent | Längeneinheit

$10\,\% \triangleq 1\,\text{cm}$ $| \cdot 4{,}05$

$40{,}5\,\% \triangleq 4{,}05\,\text{cm}$

Entsprechend ergeben sich auch die anderen Werte, welche dann so genau wie möglich gezeichnet werden können:
(**Hinweis:** Die Darstellung ist nicht maßstabsgetreu, da die Zeichnung für den Buchdruck skaliert wurde.)

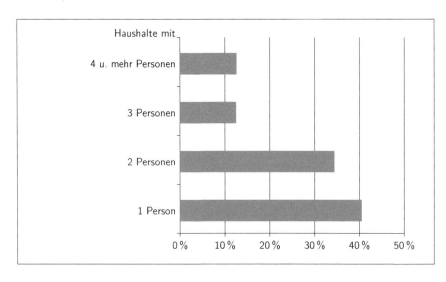

1. Beim Einkauf bezahlt Thomas für 6 Flaschen 4,20 €.
    Wie viel bezahlt er für 10 Flaschen?

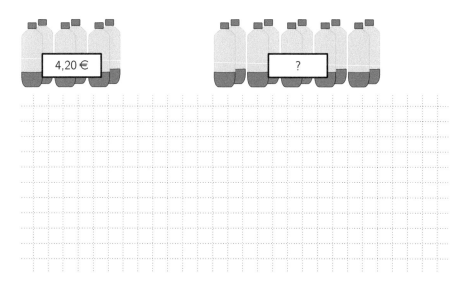

(1 Pkt.)

2. Im abgebildeten 1000 - Liter - Öltank befinden sich noch 700 ℓ.
    Zeichne auf der Voderseite ein, wie hoch das Öl noch im Tank steht.

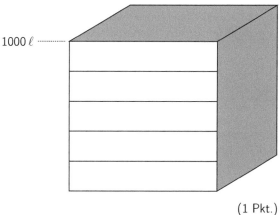

1000 ℓ

(1 Pkt.)

3. Welche Zahl wird hier in Potenzschreibweise dargestellt?

    $7{,}3 \cdot 10^7 =$

    Kreuze an:

    ☐ 7.300.000 ☐ 73.000.000

    ☐ 7.300 ☐ 0,00000073

    (1 Pkt.)

Fortsetzung nächste Seite

4. Ein Jogger und eine Radfahrerin legen den gleichen Weg zurück.
   Die Grafik stellt dies dar.

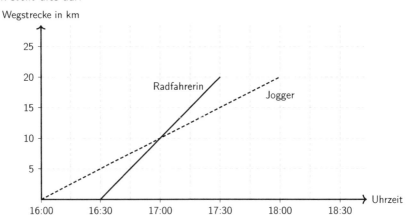

Ergänze die Aussagen.

a) Der Jogger startet _____ Minuten vor der Radfahrerin.

b) In einer Stunde schafft die Radfahrerin _____ Kilometer.

c) Nach _____ Kilometern treffen sie sich.   (1,5 Pkt.)

5. Stefanie hat ihre vierstellige Handy - PIN vergessen. Diese besteht aus den Ziffern 1, 3, 4 und 7,
   wobei jede Ziffer nur einmal vorkommt. Die 4 steht an letzter Stelle.
   Stefanie hat sich schon verschiedene Kombinationen überlegt:

Welche Kombinationen fehlen noch?

(1,5 Pkt.)

6. Max behauptet:
   „Werden bei einem Rechteck alle Seitenlängen verdoppelt, dann verdoppelt sich
   auch sein Flächeninhalt."
   Hat Max Recht? Kreuze an.   ☐ Ja   ☐ Nein

   Begründe deine Entscheidung mit einem Beispiel.

(1,5 Pkt.)

Fortsetzung nächste Seite

7. Berechne den Flächeninhalt der grau gefärbten Fläche.
   Rechne mit $\pi = 3$.

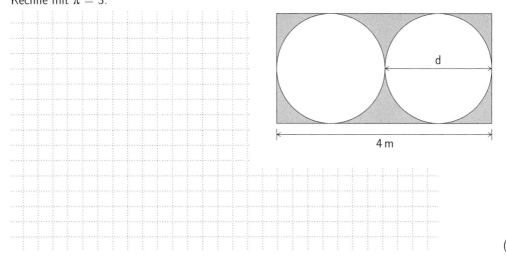

(2 Pkt.)

8. Ina hat bei ihrem Handyvertrag 400 Gesprächsminuten pro Monat frei.
   Ihren bisherigen Verbrauch kann sie aus folgendem Diagramm ablesen:

Wie viele Gesprächsminuten hat sie noch frei?

(1 Pkt.)

Fortsetzung nächste Seite

9. Ein Schüler hat eine Gleichung bearbeitet. Dabei hat er einen Fehler gemacht.
    a) Unterstreiche den Fehler und verbessere diese Zeile.

$$4 \cdot (2x + 2{,}5) + 7 = 20 - 2x + (4 \cdot 5 - 3)$$

$$8x + 10 + 7 = 20 - 2x + 8 \qquad \underline{\hspace{6cm}}$$

$$8x + 17 = 28 - 2x \qquad |2x - 17 \quad \underline{\hspace{5cm}}$$

$$10x = 11 \qquad | : 10 \quad \underline{\hspace{5cm}}$$

$$x = 1{,}1 \qquad \underline{\hspace{5cm}}$$

b) Kreuze an, welche Regel bei folgender Umformung nicht beachtet wurde.

$$10x + 3 \cdot 5 = 7 \cdot (3 + 1) - 2x$$
$$10x = 13$$

☐ Klammern werden zuerst berechnet
☐ Punkt- vor Strichrechnung
☐ Auf beiden Seiten der Gleichung muss die gleiche Rechenoperation durchgeführt werden.

(2,5 Pkt.)

10. Dieser Becher wird gleichmäßig mit Tee gefüllt.
    Welches Schaubild passt zu diesem Vorgang? Kreuze an.

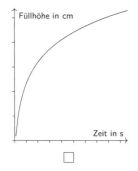
☐

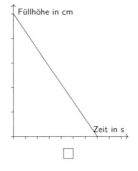
☐

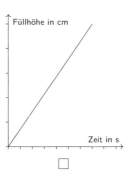
☐

(1 Pkt.)

Fortsetzung nächste Seite

11. a) Wie viele Kaffeebohnen sind hier ungefähr abgebildet ?
    Gib eine Anzahl an und begründe das Ergebnis.

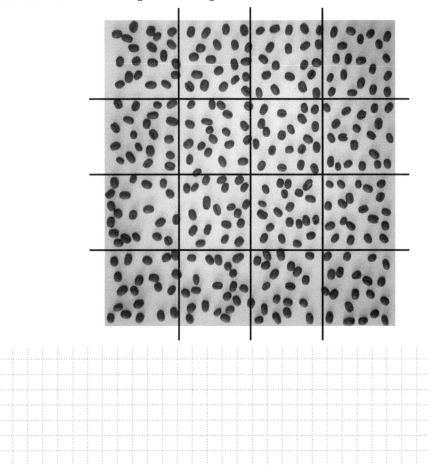

b) Eine geröstete Kaffeebohne wiegt 0,2 g.
Berechne, wie viel Gramm eine Packung mit 2500 Bohnen wiegt.

(2 Pkt.)

1. Der Preis für 10 Flaschen lässt sich mit Hilfe des Dreisatzes bestimmen:

Flaschen | Euro

$$6 \text{ Flaschen} \triangleq 4{,}20 \, \text{€} \qquad | : 6$$
$$1 \text{ Flasche} \triangleq 0{,}70 \, \text{€} \qquad | \cdot 10$$
$$10 \text{ Flaschen} \triangleq 7{,}00 \, \text{€}$$

Er bezahlt für 10 Flaschen ingesamt <u>7,00 €</u>.

2. Der gesamte Tank entspricht $1\,000 \, \ell$. Die Striche teilen ihn in fünf gleiche Bereiche auf. Jeder Bereich entspricht $1\,000 \, \ell : 5 = 200 \, \ell$. Die Marke für die gefragten $700 \, \ell$ liegt also genau zwischen dem 3. und dem 4. Strich:

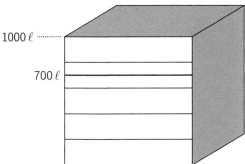

3. Die Zahl 10^7 (Zehnerpotenz) entspricht als ausgeschrieben Zahl einer Eins mit **sieben** Nullen. Also gilt:

$$7{,}3 \cdot 10^7 = 7{,}3 \cdot 10\,000\,000 = \underline{73\,000\,000}$$

4. a) Die Startzeitpunkte von dem Jogger und der Radfahrerin können direkt an den Schnittpunkten der Graphen mit der x-Achse abgelesen werden. Der Jogger startet 16:00 Uhr und die Radfahrerin 16:30 Uhr.

   Der Jogger startet also <u>**30**</u> Minuten vor der Radfahrerin.

   b) Der Startpunkt des Graphen der Radfahrerin liegt bei 16:30 Uhr, der Endpunkt bei 17:30 Uhr, zwischen den Punkten fährt die Radfahrerin 1 Stunde lang. Da der Endpunkt bei einer Wegstrecke von 20 km liegt, gilt:

   In einer Stunde schafft die Radfahrerin <u>**20**</u> Kilometer.

   c) Der Treffpunkt der Radfahrerin und des Joggers entspricht dem Schnittpunkt der beiden Graphen, für den einfach der aktuelle Kilometerstand abgelesen werden kann.

   Nach <u>**10**</u> Kilometern treffen sie sich.

5. Jede Ziffer darf nur einmal verwendet werden. Die Möglichkeiten $1 - 3 - 7 - 4$, $3 - 1 - 7 - 4$ und $3 - 7 - 1 - 4$ wurden bereits probiert.
   Setzt man die 1 an den Anfang, kann nur noch $\underline{1 - 7 - 3 - 4}$ verwendet werden.
   Setzt man die 7 am Anfang, können nur noch $\underline{7 - 1 - 3 - 4}$ und $\underline{7 - 3 - 1 - 4}$ verwendet werden.

6. Nein, die Aussage ist <u>falsch</u>.

    Ein Beispiel: Betrachtet man ein Rechteck mit den Kantenlängen 1 cm und 2 cm, beträgt der Flächeninhalt

    $$A_1 = 1\,\text{cm} \cdot 2\,\text{cm} = 2\,\text{cm}^2.$$

    Verdoppelt man die Kantenlängen liegt ein Rechteck mit den Kantenlängen 2 cm und 4 cm vor. Der Flächeninhalt beträgt dann:

    $$A_2 = 2\,\text{cm} \cdot 4\,\text{cm} = 8\,\text{cm}^2$$

    A_2 ist somit nicht doppelt so groß wie A_1, sondern vierfach so groß.

7. Das graue Rechteck hat eine Breite von 4 m, was zweimal dem Durchmesser des weißen Kreises entspricht. Damit ist d = 2 m, was auch der Höhe des Rechtecks enspricht. Die grau gefärbte Fläche entspricht der Fläche A_R des Rechtecks abzüglich der Fläche A_K der beiden Kreise:

    Skizze:

    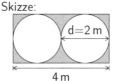

    $$\begin{aligned} A &= A_R - 2 \cdot A_K \\ &= 2\,\text{m} \cdot 4\,\text{m} - 2 \cdot (\pi \cdot r^2) \\ &= 8\,\text{m}^2 - 2 \cdot (3 \cdot (1\,\text{m})^2) \\ &= 8\,\text{m}^2 - 6\,\text{m}^2 = \underline{2\,\text{m}^2} \end{aligned}$$

8. Zunächst wird die Gesamtzahl der Kästchen bestimmt. Es sind 20 Kästchen, was 400 Minuten entspricht. Demnach entspricht jedes einzelne Kästchen 400 : 20 = 20 Minuten. Die noch verfügbare Zeit ist durch die weiß gefärbten Kästchen gekennzeichnet. es handelt sich um 6 Kästchen. Somit gilt für die verbleibenden Gesprächsminuten:

    $$6 \cdot 20\,\text{min} = \underline{120\,\text{min}}$$

9. a) Der Fehler liegt auf der rechten Seite der zweiten Zeile:

    $$8x + 10 + 7 = 20 - 2x\underline{+8}$$

    In der ersten Zeile steht auf der rechten Seite $20 - 2x + (4 \cdot 5 - 3)$. Der Term in der Klammer wurde dabei fälschlicherweise zu 8 zusammengefasst, da Punkt- vor Strichrechnung nicht beachtet wurde. Korrekt wäre also:

    $$8x + 10 + 7 = 20 - 2x + 17$$

    b) Für die Gleichung gilt:

    $$\begin{aligned} 10x + 3 \cdot 5 &= 7 \cdot (3 + 1) - 2x \\ \iff \quad 10x + 15 &= 28 - 2x \qquad | - 15 \\ \iff \quad 10x &= 13 - 2x \end{aligned}$$

    Dies wäre die korrekte Variante. In der gegebenen Umformung fehlt jedoch der Term $-2x$ auf der rechten Seite. Dieser wurde auf der rechten Seite weggelassen, ohne das dabei auf der linken Seite der Gleichung etwas beachtet wurde. Die nicht beachtete Regel ist also: Auf beiden Seiten der Gleichung muss die gleiche Rechenoperation durchgeführt werden.

10. Der Tee wird gleichmäßig in die Tasse eingefüllt, somit steigt die Füllhöhe auch gleichmäßig. Gleichmäßig bedeutet in diesem Fall linear. Die richtige Grafik ist also:
(**Hinweis:** Die Darstellung ist nicht maßstabsgetreu, da die Zeichnung für den Buchdruck skaliert wurde.)

11. a) Insgesamt wurde das Bild durch die Striche in 16 Abschnitte eingeteilt. Pro Abschnitt finden sich Schätzungsweise 17 bis 23 Bohnen, also im Mittel $20\left(=\frac{17+23}{2}\right)$ Stück. Daher gilt für die Gesamtzahl:

minimal: $16 \cdot 17 = 272$ maximal: $16 \cdot 23 = 368$ Durchschnitt: $16 \cdot 20 = \underline{320}$

Es befinden sich also etwa $\underline{320}$ Bohnen auf dem Bild (Bereich zwischen 270 und 370 ebenfalls korrekt).

b) Für das Gesamtgewicht einer Packung mit 2 500 Bohnen gilt:

$$2\,500 \cdot 0{,}2\,\mathrm{g} = \underline{500\,\mathrm{g}}$$

1. Löse folgende Gleichung.

$3 \cdot (1{,}5x - 2{,}5) - (3x - 5) + (3{,}5x + 7) : 0{,}2 = 12{,}5x$

(4 Pkt.)

2. Raphael möchte am Ende seiner Lehrzeit nach Südamerika reisen.

a) Neun Monate lang spart er für diese Reise. Monatlich spart er 120 €.
   Seine Oma schenkt ihm zusätzlich noch ein Drittel des von ihm gesparten Gesamtbetrages.
   Berechne, welchen Betrag er dann insgesamt zur Verfügung hat.

b) Seine Eltern legen für ihn einmalig neun Monate lang einen Betrag von 1500 € zum Zinssatz
   von 1,2 % bei der Bank an.
   Ermittle rechnerisch, wie viel Geld er einschließlich der Zinsen nach dieser Zeit von seinen
   Eltern erhält.

c) Raphael nimmt an, dass die Reise insgesamt 3500 € kostet. Darin ist ein Betrag von 500 €
   „Taschengeld" eingeplant.
   Berechne den Prozentsatz des Taschengeldes an den gesamten Reisekosten.

(4 Pkt.)

3. Herr Huber macht mit seiner kleinen Tochter Sofia eine Radtour.

Mit seinem Herrenrad legt er pro Pedalumdrehung (siehe Skizze) 4,50 m zurück.
Sofia schafft mit ihrem Kinderrad nur 2,50 m pro Pedalumdrehung.

a) Bestimme die fehlenden Werte.

Herr Huber

Pedalumdrehungen	80	150	
zurückgelegte Strecke in m	360	675	900

Sofia

Pedalumdrehungen	40	150	350
zurückgelegte Strecke in m		375	875

b) Stelle jeweils den Graphen für Sofia und ihren Vater in einem gemeinsamen
   Koordinatensystem dar.

   Rechtswertachse: 50 Pedalumdrehungen $\triangleq$ 1 cm

   Hochwertachse: 100 Meter $\triangleq$ 1 cm

c) Die Radtour endet nach 3,6 km. Berechne, wie viele Pedalumdrehungen Sofia mehr machen
   musste als ihr Vater.

(4 Pkt.)

Fortsetzung nächste Seite

Fortsetzung Aufgabengruppe I

4. Ein Werkstück besteht aus einem Halbzylinder und einer quadratischen Pyramide
    (h_P = 16 cm; h_S = 20 cm).

    Berechne das Volumen des Werkstücks.

Hinweis:
Skizze nicht
maßstabsgetreu

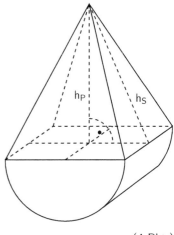

(4 Pkt.)

1. Die Gleichung wird zusammengefasst, vereinfacht und aufgelöst:

$$3 \cdot (1,5x - 2,5) - (3x - 5) + (3,5x + 7) : 0,2 = 12,5x$$

$$\Longleftrightarrow \qquad 4,5x - 7,5 - 3x + 5 + 17,5x + 35 = 12,5x$$

$$\Longleftrightarrow \qquad 19x + 32,5 = 12,5x \qquad | - 19x$$

$$\Longleftrightarrow \qquad 32,5 = -6,5x \qquad | : (-6,5)$$

$$\Longleftrightarrow \qquad \underline{x = -5}$$

2. a) **Gegeben:** Gesparter Beitrag $= 9 \cdot 120 \, € = 1\,080 \, €$; zusätzlich $\frac{1}{3}$ des gesparten Beitrages
    Gesucht: Gesamtbeitrag
    Lösung:

$$1\,080 \, € + \frac{1}{3} \cdot 1\,080 \, € = 1\,080 \, € + 360 \, € = \underline{1\,440 \, €}$$

   b) **Gegeben:** Kapital(K) $= 1\,500 \, €$; Zinssatz(p) $= 1,2\,\%$; Monate(t) $= 9$
    Gesucht: Zinsen (Z)
    Lösung:

$$Z = \frac{K \cdot p \cdot t}{100 \cdot 12} = \frac{1\,500 \cdot 1,2 \cdot 9}{100 \cdot 12} = \underline{13,50 \, €}$$

   Insgesamt erhält er von seinen Eltern also:

$$1\,500 \, € + Z = 1\,500 \, € + 13,50 \, € = \underline{1\,513,50 \, €}$$

   c) **Gegeben:** Grundwert (G) $= 3\,500 \, €$; Prozentwert (P) $= 500 \, €$
    Gesucht: Prozentsatz (p)

Lösung mit Dreisatz:		**Lösung durch Formel:**

   Prozent | Euro

   $100\,\% \mathrel{\hat{=}} 3\,500 \, € \qquad | : 100$

   $1\,\% \mathrel{\hat{=}} 35 \, €$

   $$p = \frac{P \cdot 100}{G}$$

   $$= \frac{500 \cdot 100}{3\,500} \approx \underline{14,3\,\%}$$

   $x\,\% \mathrel{\hat{=}} 500 \, € \qquad | : 35$

   $x \mathrel{\hat{=}} 14,29\,\% \approx \underline{14,3\,\%}$

   Der Prozentsatz des Taschengeldes an den gesamten Reisekosten beträgt $\underline{14,3\,\%}$.

3. a) Herr Huber legt pro Umdrehung $4,50 \, m$ zurück. Also kann über den Dreisatz die fehlende Zahl bestimmt werden:

   $1 \text{ Umdrehung} \mathrel{\hat{=}} 4,50 \, m \qquad | \cdot 2$

   $2 \text{ Umdrehungen} \mathrel{\hat{=}} 9 \, m \qquad | \cdot 100$

   $\underline{200} \text{ Umdrehungen} \mathrel{\hat{=}} 900 \, m$

   Ebenso kann der fehlende Wert für Sofia bestimmt werden, die pro Umdrehung $2,50 \, m$ schafft:

   $1 \text{ Umdrehung} \mathrel{\hat{=}} 2,50 \, m \qquad | \cdot 40$

   $40 \text{ Umdrehungen} \mathrel{\hat{=}} \underline{100} \, m$

   Die berechneten Zahlen können nun in den Tabellen ergänzt werden.

2016

b) In die grafische Darstellung werden die Wertepaare aus der Tabelle eingezeichnet, durch die dann jeweils eine Gerade gelegt wird:
(**Hinweis:** Die Darstellung ist nicht maßstabsgetreu, da die Zeichnung für den Buchdruck skaliert wurde.)

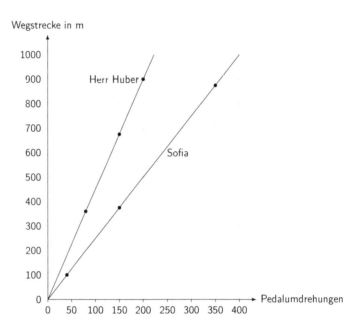

c) Die Anzahl der Pedalumdrehungen erhält man, indem man die Gesamtstrecke durch die Strecke pro Umdrehung teilt (mit $3,6\,\text{km} = 3\,600\,\text{m}$):

$$\text{Herr Huber:} \quad 3\,600\,\text{m} : 4,5\,\frac{\text{m}}{\text{Umdrehung}} = 800\,\text{Umdrehungen}$$

$$\text{Sofia:} \quad 3\,600\,\text{m} : 2,5\,\frac{\text{m}}{\text{Umdrehung}} = 1\,440\,\text{Umdrehungen}$$

Sofia macht also $1\,440 - 800 = \underline{640}$ Umdrehungen mehr als ihr Vater.

4. Die Seitenlänge a der Grundfläche der Pyramide entspricht zugleich dem Durchmesser d_H der Grundfläche des Halbzylinders. Die Hälfte dieser Seitenlänge, also der Radius r_H der Grundfläche des Halbzylinders kann im Dreieck mit den beiden Seiten h_P und h_S mit Hilfe des Satzes des Pythagoras bestimmt werden (in cm):

Skizze

$$\begin{aligned}
& h_S^2 = h_P^2 + r_H^2 && | - h_P^2 \\
\Longleftrightarrow\quad & r_H^2 = h_S^2 - h_P^2 && | \sqrt{} \\
\Longleftrightarrow\quad & r_H = \sqrt{20^2 - 16^2} \\
\Longleftrightarrow\quad & \underline{r_H = 12}
\end{aligned}$$

Es ist also $r_H = 12\,\text{cm}$ und damit $d_H = 24\,\text{cm}$. Damit kann das Volumen V_P der Pyramide und das Volumen V_H des Halbzylinders bestimmt werden:

$$V_P = \frac{1}{3} \cdot d_H^2 \cdot h_P = \frac{1}{3} \cdot (24\,\text{cm})^2 \cdot 16\,\text{cm} = \underline{3\,072\,\text{cm}^3}$$

$$V_H = \frac{1}{2} \cdot \pi \cdot r_H^2 \cdot d_H = \frac{1}{2} \cdot 3{,}14 \cdot (12\,\text{cm})^2 \cdot 24\,\text{cm} = \underline{5\,425{,}92\,\text{cm}^3}$$

Für das Gesamtvolumen des Werkstücks gilt also:

$$V = V_P + V_H = 3\,072\,\text{cm}^3 + 5\,425{,}92\,\text{cm}^3 = \underline{8\,497{,}92\,\text{cm}^3}$$

1. Die Eisdiele Abruzzo verkaufte an einem Samstag insgesamt 540 Kugeln Eis.
   Sie bietet die Sorten Schokolade, Vanille, Zitrone und Erdbeere an.

   Vom Vanilleeis wurden 40 Kugeln weniger verkauft als vom Zitroneneis. Von der Sorte Erdbeere wurden viermal so viele Kugeln verkauft wie von der Sorte Vanille.
   Vom Schokoladeneis wurden 80 Kugeln verkauft.

   Wie viele Kugeln Eis wurden von jeder Sorte verkauft?
   Löse mit Hilfe einer Gleichung.   (4 Pkt.)

2. a) Zeichne ein regelmäßiges Sechseck mit einer Seitenlänge von 5 cm.

   b) Berechne den Flächeninhalt des Sechsecks.

                                                                                      (4 Pkt.)

3. Charlotte interessiert sich für ein Mountainbike, einen Helm und ein Paar Knieschoner.

   a) Das Mountainbike kostet 550 €. Da es sich um ein Auslaufmodell handelt, erhält sie auf diesen Preis 12 % Rabatt.
      Berechne den neuen Fahrradpreis.

   b) Der Helm ist um 20 % reduziert und kostet jetzt noch 79 €.
      Ermittle rechnerisch, wie viele Euro sie beim Kauf des Helms spart.

   c) Der Preis der Knieschoner beträgt einschließlich Mehrwertsteuer 49,98 €.
      Hier bekommt sie die Mehrwertsteuer von 19 % „geschenkt".
      Gib den Aktionspreis für die Knieschoner an.

   d) Charlotte kauft nur den Helm. Bei Barzahlung erhält sie auf ihren Einkauf nochmals 2 % Skonto.
      Berechne, wie viel sie dann bar bezahlen muss.

                                                                                      (4 Pkt.)

Fortsetzung nächste Seite

Fortsetzung Aufgabengruppe II

✎ Aus einem Zylinder mit dem Radius $r = 5\,dm$ und der Körperhöhe $h_K = 12\,dm$ wird ein Viertel herausgeschnitten.
Berechne die gesamte Oberfläche des entstandenen Körpers.

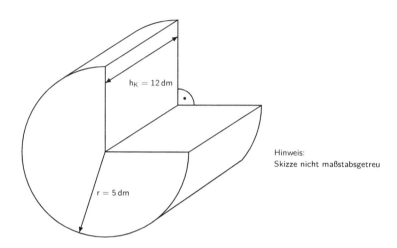

$h_K = 12\,dm$

$r = 5\,dm$

Hinweis:
Skizze nicht maßstabsgetreu

(4 Pkt.)

1. Aus dem Text ergibt sich die Gesamtzahl aller verkauften Eiskugeln zu 540. Nun wird die Anzahl der verkauften Kugeln Zitroneneis als Unbekannte x gewählt, da sich die Anzahl der verkauften Kugeln aller anderen Sorten darüber darstellen lässt:

$$\text{Zitroneneiskugeln} \triangleq x$$

„...Vom Vanilleeis wurden 40 Kugeln weniger verkauft als vom Zitroneneis...":

$$\text{Vanilleeiskugeln} \triangleq x - 40$$

„...Von der Sorte Erdbeere wurden viermal so viele Kugeln verkauft wie von der Sorte Vanille...":

$$\text{Erdbeereiskugeln} \triangleq 4(x - 40)$$

„...Vom Schokoladeneis wurden 80 Kugeln verkauft...":

$$\text{Schokoladeneisekugeln:} \triangleq 80$$

Nun muss die Anzahl aller verkauften Kugeln gleich 540 sein, damit ergibt sich folgende Gleichung:

$$
\begin{aligned}
x + (x - 40) + 4(x - 40) + 80 &= 540 \\
\Longleftrightarrow \quad x + x - 40 + 4x - 160 + 80 &= 540 \\
\Longleftrightarrow \quad 6x - 120 &= 540 \qquad | + 120 \\
\Longleftrightarrow \quad 6x &= 660 \qquad | : 6 \\
\Longleftrightarrow \quad \underline{x = 110}
\end{aligned}
$$

Setzt man diesen Wert für x ein, ergibt sich die Anzahl der verkauften Kugeln pro Sorte:

Zitroneneiskugeln:	$x = 110$
Vanilleeiskugeln:	$x - 40 = 110 - 40 = 70$
Erdbeereiskugeln:	$4(x - 40) = 4 \cdot 70 = 280$
Schokoladeneiskugeln:	80

2. a) Um ein regelmäßiges Sechseck zu konstruieren, zeichnet man einen Kreis mit Radius 5 cm um einen Punkt. Nun sticht man in einen Punkt der Kreislinie ein (z.B. A), und markiert mit einer Zirkelspanne von 5 cm die Schnittpunkte mit der Kreislinie auf beiden Seiten (im Beispiel die Punkte F und B). In diese Stichpunkte sticht man wieder ein und markiert wieder mit gleicher Zirkelspanne die Schnittpunkte. So kann fortgefahren werden. Die Schnittpunkte auf der Kreislinie entsprechen dann genau den Eckpunkten des Sechsecks.
Zeichnung siehe nächste Seite.

b) Der Flächeninhalt A des Sechsecks entspricht dem sechsfachen des Flächeninhalts A_D des in der Zeichnungen markierten Dreiecks. Dessen Höhe kann zunächst mit Hilfe des Satz des Pythagoras bestimmt werden (in cm):

$$
\begin{aligned}
5^2 &= 2{,}5^2 + h^2 \qquad | - 2{,}5^2 \\
\Longleftrightarrow \quad h^2 &= 5^2 - 2{,}5^2 \qquad | \sqrt{} \\
\Longleftrightarrow \quad h &= \sqrt{5^2 - 2{,}5^2} \\
\Longleftrightarrow \quad \underline{h \approx 4{,}33}
\end{aligned}
$$

Für den Flächeninhalt gilt dann:

$$A = 6 \cdot A_D = 6 \cdot \frac{1}{2} \cdot 5\,\text{cm} \cdot 4{,}33\,\text{cm} = \underline{64{,}95\,\text{cm}^2}$$

Zeichnung:
(**Hinweis:** Die Darstellung ist nicht maßstabsgetreu, da die Zeichnung für den Buchdruck skaliert wurde.)

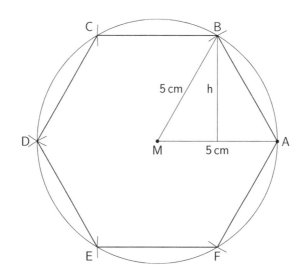

3. a) **Gegeben:** Grundwert (G) = 550 €; Prozentsatz (p) = 100 % − 12 % = 88 %
    Gesucht: Prozentwert (P)

| **Lösung mit Dreisatz:** | | **Lösung durch Formel:** |

Prozent | Euro

$$100\,\% \,\hat{=}\, 550\,€ \qquad |:100$$
$$1\,\% \,\hat{=}\, 5{,}5\,€ \qquad |\cdot 88$$
$$88\,\% \,\hat{=}\, 484\,€$$

$$P = \frac{G\cdot p}{100}$$
$$= \frac{550\cdot 88}{100} = 484\,€$$

Der neue Fahrradpreis beträgt <u>484 €</u>.

b) Ist der Helm um 20 % reduziert, entspricht der Preis von 79 € noch 80 %. Wieder kann mit Hilfe des Dreisatzes bestimmt werden, welchem Betrag die gesparten 20 % entsprechen:

Prozent | Euro

$$80\,\% \,\hat{=}\, 79\,€ \qquad |:80$$
$$1\,\% \,\hat{=}\, 0{,}9875\,€ \qquad |\cdot 20$$
$$20\,\% \,\hat{=}\, 19{,}75\,€$$

Aufgrund der 20 % Rabatt spart sie <u>19,75 €</u>.

c) **Gegeben:** Prozentwert (P) = 49,98 €; Prozentsatz (p) = 119 %
   Gesucht: Grundwert (G)

Lösung mit Dreisatz: **Lösung durch Formel:**

Prozent | Euro

$119\,\% \triangleq 49{,}98\,€$ $| : 119$

$1\,\% \triangleq 0{,}42\,€$ $| \cdot 100$

$100\,\% \triangleq 42\,€$

$$G = \frac{P \cdot 100}{p}$$
$$= \frac{49{,}98 \cdot 100}{119} = 42\,€$$

Der Aktionspreis ohne Mehrwertsteuer beträgt <u>42 €</u>.

d) **Gegeben:** Grundwert (G) = 79 €; Prozentsatz (p) = 100 % − 2 % = 98 %
   Gesucht: Prozentwert (P)
   Lösung mit Dreisatz: **Lösung durch Formel:**

Prozent | Euro

$100\,\% \triangleq 79\,€$ $| : 100$

$1\,\% \triangleq 0{,}79\,€$ $| \cdot 98$

$88\,\% \triangleq 77{,}42\,€$

$$P = \frac{G \cdot p}{100}$$
$$= \frac{79 \cdot 98}{100} = 77{,}42\,€$$

Sie muss <u>77,42 €</u> bar bezahlen.

4. Die Oberfläche des Körpers entspricht genau $\frac{3}{4}$ der Oberfläche eines normalen Zylinders zuzüglich der beiden Rechtecke, die im fehlenden Viertel des Zylinders liegen. Zunächst werden die $\frac{3}{4}$ der Oberfläche des Zylinders bestimmt:

Skizze:

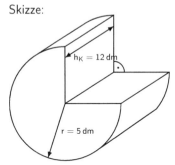

$h_K = 12\,dm$

$r = 5\,dm$

$$A_Z = \frac{3}{4} \cdot 2 \cdot \pi \cdot r \cdot (r + h)$$
$$= \frac{3}{2} \cdot 3{,}14 \cdot 5\,dm \cdot (5\,dm + 12\,dm)$$
$$= \underline{400{,}35\,dm^2}$$

Addiert man zu dieser Fläche noch zweimal die Fläche des Rechtecks, erhält man die Gesamtoberfläche des Körpers:

$$A = A_Z + 2 \cdot 5\,dm \cdot 12\,dm$$
$$= 400{,}35\,dm^2 + 2 \cdot 60\,dm^2$$
$$= \underline{520{,}35\,dm^2}$$

1. Löse folgende Gleichung.

$$\frac{1}{8} \cdot (2x + 6) = \frac{1}{2} - 2x + 2 + \frac{3x + 8}{4}$$ (4 Pkt.)

2. a) Zeichne in ein Koordinatensystem mit der Einheit 1 cm die Punkte A (7 | 5) und C (5 | 7) ein und verbinde sie zur Strecke [AC].

    b) Zeichne die Senkrechte zur Strecke [AC] durch den Punkt A.

    c) Zeichne den Punkt D (5 | 3) ein. Wähle den Punkt B so, dass das Parallelogramm ABCD entsteht und zeichne es.

    d) Der Punkt D soll die Strecke [AH] halbieren. Zeichne den Punkt H entsprechend ein und gib seine Koordinaten an.

    (4 Pkt.)

3. In einer Fensterscheibe sind vier gleiche, farbige Glasscheiben eingesetzt.
   Sie haben jeweils die Form einer Raute (siehe Abbildung).
   Berechne die Gesamtfläche des farbigen Glases.

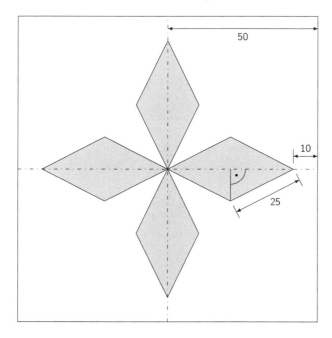

Maße in cm

Hinweis:
Skizze nicht maßstabsgetreu

(4 Pkt.)

Fortsetzung nächste Seite

Fortsetzung Aufgabengruppe III

4. In den Jahren 2012 bis 2014 wurden in jeder Altersgruppe jeweils 1200 Jugendliche befragt, ob sie ein Smartphone besitzen.

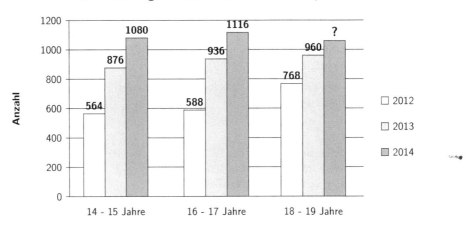

Wie viele Jugendliche besitzen ein Smartphone?

Daten nach: JIM Studie 2014, MPFS, Seite 45

a) Berechne den prozentualen Anstieg der Smartphone-Besitzer von 2012 auf 2014 in der Altersgruppe der 14- bis 15-Jährigen.

b) In der Altersgruppe der 18- bis 19-Jährigen stieg die Anzahl der Smartphone-Besitzer von 2013 auf 2014 um 11,25 %.
Ermittle rechnerisch, wie viele Jugendliche dieser Altersgruppe demnach 2014 ein Smartphone besaßen.

c) Im Jahr 2014 wurden zusätzlich 1200 Jugendliche im Alter zwischen 12 und 13 Jahren befragt. 80 % besaßen ein Smartphone, 15 % besaßen keines, der Rest machte keine Angabe.
Stelle das Ergebnis dieser Umfrage in einem Kreisdiagramm mit Radius 4 cm dar.

(4 Pkt.)

1. Die Gleichung wird zusammengefasst, vereinfacht und aufgelöst:

$$\frac{1}{8} \cdot (2x + 6) = \frac{1}{2} - 2x + 2 + \frac{3x + 8}{4} \quad \text{[Klammer auflösen]}$$

$$\Longleftrightarrow \quad \frac{2x}{8} + \frac{6}{8} = \frac{1}{2} - 2x + 2 + \frac{3x}{4} + \frac{8}{4} \quad \text{[Umwandeln in Dezimalzahlen]}$$

$$\Longleftrightarrow \quad 0{,}25x + 0{,}75 = 0{,}5 - 2x + 2 + 0{,}75x + 2$$

$$\Longleftrightarrow \quad 0{,}25x + 0{,}75 = 4{,}5 - 1{,}25x \qquad | + 1{,}25x$$

$$\Longleftrightarrow \quad 1{,}5x + 0{,}75 = 4{,}5 \qquad | - 0{,}75$$

$$\Longleftrightarrow \quad 1{,}5x = 3{,}75 \qquad | : 1{,}5$$

$$\Longleftrightarrow \quad \underline{\underline{x = 2{,}5}}$$

2. a) Die Punkte A und C werden anhand der Koordinaten eingezeichnet und zu [AC] verbunden.

   b) Um die Senkrechte zu zeichnen wird vom Punkt A aus eine Gerade mit rechtem Winkel zur Strecke [AC] eingezeichnet.

   c) Der Punkt D wird entsprechend seiner Koordinaten eingezeichnet. Er befindet sich zwei Einheiten links und zwei Einheiten unter Punkt A. Damit ABCD ein Parallelogramm ergibt, muss sich Punkt B also zwei Einheiten über und zwei Einheiten rechts von Punkt C befinden.

   d) Um von A zu Punkt D zu gelangen geht man zwei Einheiten nach links und zwei nach unten. Soll das genau die Hälfte des Strecke sein, geht man von Punkt D aus wieder zwei Einheiten nach links und zwei nach unten und gelangt zu Punkt H. Die Koordinaten lauten H(3|1).

   Komplette Grafik:
   (**Hinweis:** Die Darstellung ist nicht maßstabsgetreu, da die Zeichnung für den Buchdruck skaliert wurde.)

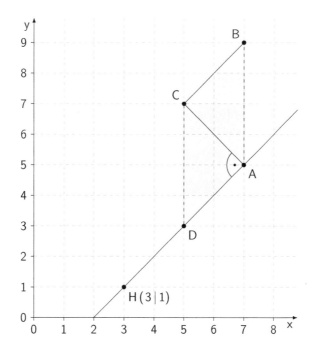

3. Die Hälfte der Fensterscheibe hat eine Länge von 50 cm. Da die Raute 10 cm vom Rand entfernt ist, hat die lange Diagonale der Raute eine Länge von 40 cm, die Hälfte der Diagonale beträgt $d_l = 20$ cm. In der Zeichnung der Angabe ist in der rechten Raute ein Teildreieck markiert, in dem mit Hilfe des Satzes des Pythagoras die Länge der Hälfte der kurzen Diagonale d_k ermittelt werden kann (in cm):

Skizze

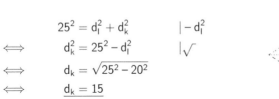 

$$25^2 = d_l^2 + d_k^2 \qquad | - d_l^2$$
$$\iff \quad d_k^2 = 25^2 - d_l^2 \qquad | \sqrt{}$$
$$\iff \quad d_k = \sqrt{25^2 - 20^2}$$
$$\iff \quad \underline{d_k = 15}$$

Mit $\underline{d_k = 15\,cm}$ kann nun die Fläche A_D des markierten Teildreiecks bestimmt werden:

$$A_D = \frac{1}{2} \cdot d_k \cdot d_l = \frac{1}{2} \cdot 20\,cm \cdot 15\,cm = \underline{150\,cm^2}$$

Jede Raute besteht aus vier solchen Teildreiecken. Insgesamt ist die Fläche von vier Rauten gesucht. Für diese gesuchte Fläche gilt also:

$$A = 4 \cdot 4 \cdot A_D = 16 \cdot 150\,cm^2 = \underline{2\,400\,cm^2}$$

4. a) **Gegeben:** Grundwert (G) = 564 €; Prozentwert (P) = 1 080 € - 564 €= 516 €
Gesucht: Prozentsatz (p)
Lösung mit Dreisatz: **Lösung durch Formel:**   Der pro-

Prozent | Euro

$$100\,\% \stackrel{\wedge}{=} 564\,€ \qquad | : 100$$
$$1\,\% \stackrel{\wedge}{=} 5{,}64\,€$$

$$p = \frac{P \cdot 100}{G}$$
$$= \frac{516 \cdot 100}{564} \approx \underline{91{,}5\,\%}$$

$$x\,\% \stackrel{\wedge}{=} 516\,€ \qquad | : 5{,}64$$
$$x \stackrel{\wedge}{=} 91{,}489 \approx \underline{91{,}5}$$

zentuale Anstieg der Smartphone-Besitzer beträgt $\underline{91{,}5\,\%}$.

b) **Gegeben:** Grundwert (G) = 960; Prozentsatz (p) = 11,25 %
Gesucht: Prozentwert (P) = Anstieg; Anzahl 2014 = Prozentwert + Grundwert
Lösung mit Dreisatz: **Lösung durch Formel:**

Prozent | Anzahl

$$P = \frac{G \cdot p}{100}$$
$$100\,\% \stackrel{\wedge}{=} 960 \qquad | : 100$$
$$1\,\% \stackrel{\wedge}{=} 9{,}60 \qquad | \cdot 11{,}25 \qquad = \frac{960 \cdot 11{,}25}{100} = \underline{108}$$
$$11{,}25\,\% \stackrel{\wedge}{=} \underline{108} \qquad [\text{Anstieg}]$$

$$960 + 108 = \underline{1\,068} \text{ Jugendliche}$$

c) Auf der Grundlage der Prozentangaben können die zugehörigen Winkel im Kreisdiagramm mit Hilfe des Dreisatzes bestimmt werden:

$100\,\% \triangleq 360°$	$\mid :100$	$100\,\% \triangleq 360°$	$\mid :100$	$100\,\% \triangleq 360°$	$\mid :100$
$1\,\% \triangleq 3,6°$	$\mid \cdot 80$	$1\,\% \triangleq 3,6°$	$\mid \cdot 15$	$1\,\% \triangleq 3,6°$	$\mid \cdot 5$
$80\,\% \triangleq \underline{288°}$		$15\,\% \triangleq \underline{54°}$		$5\,\% \triangleq \underline{18°}$	

Anhand dieser Winkel kann das Kreisdiagramm erstellt werden:
(**Hinweis:** Die Darstellung ist nicht maßstabsgetreu, da die Zeichnung für den Buchdruck skaliert wurde.)

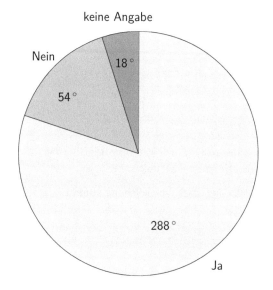

1. In der Klasse 9a sind 24 Jugendliche. Am Dienstag waren 25 % nicht da.
   Gib an, wie viele Jugendliche anwesend waren.

(1 Pkt.)

2. Welche Netze können zu einem Quader gefaltet werden?
   Kreuze alle richtigen Lösungen an.

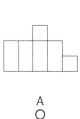

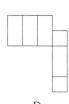

A
O

B
O

C
O

D
O

(1 Pkt.)

3. Fülle die Platzhalter so aus, dass die Gleichung stimmt.

$35\,\% - 0{,}08 + 0{,}25 + \boxed{} = 100\,\%$

(1 Pkt.)

Fortsetzung nächste Seite

4. Das Gitter besteht aus acht gleichen Rechtecken.
   Berechne den Umfang der grau gefärbten Fläche.

Hinweis:
Skizze nicht
maßstabsgetreu

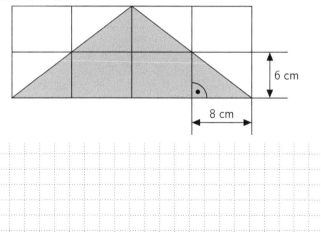

6 cm

8 cm

(2 Pkt.)

5. Martina hat zwei Meerschweinchen.
   Eine Packung Futter reicht für 30 Tage und kostet 4,95 €.

a) Berechne, wie lange eine Packung für drei Meerschweinchen ausreicht.

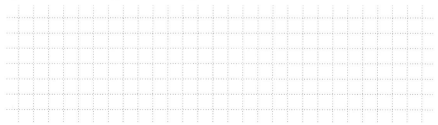

b) Gib an, wie viel sie für 6 Packungen bezahlen muss.

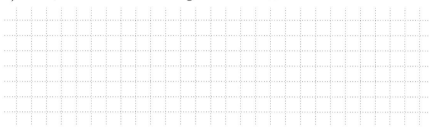

(2 Pkt.)

Fortsetzung nächste Seite

Angaben A

6. Zeichne das Koordinatensystem so ein, dass die Punkte A und B korrekt eingetragen sind.

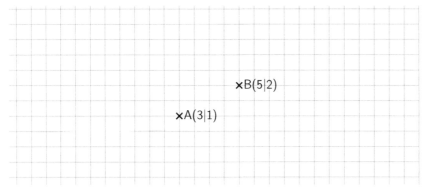

×B(5|2)

×A(3|1)

(1 Pkt.)

7. Berichtige nur die Zeile, in der ein Fehler gemacht wurde.

(1 Pkt.)

$$5 \cdot (6x - 3) - 3 \cdot (4x + 3) = 12 \qquad \underline{\hspace{5cm}}$$
$$30x - 15 - 12x - 9 = 12 \qquad \underline{\hspace{5cm}}$$
$$18x - 6 = 12 \qquad \underline{\hspace{5cm}}$$
$$18x = 18 \qquad \underline{\hspace{5cm}}$$
$$x = 1 \qquad \underline{\hspace{5cm}}$$

8. Das Kreisdiagramm zeigt, wie Jugendliche zu ihrer Mittelschule kommen.

Schulweg

Eltern

Bus

Rad

Moped

zu Fuß

Welche Aussage kann nicht stimmen?
Kreuze an und begründe deine Entscheidung
anhand des Kreisdiagramms.

☐ 15 % kommen mit dem Rad.

☐ 11 % kommen mit den Eltern.

☐ 25 % kommen mit dem Bus.

☐ 9 % kommen mit dem Moped.

☐ 40 % kommen zu Fuß.

Begründung:_____

_____

_____

(1 Pkt.)

Fortsetzung nächste Seite

9. Setze korrekt ein ($>$ oder $<$ oder $=$).

a) $\sqrt{144}$ ☐ 5^2

b) $\dfrac{2}{50}$ ☐ $0{,}04$

c) $0{,}02\,\text{m}$ ☐ $2\,\text{cm}$

d) $2{,}7 \cdot 10^4$ ☐ 4300 (2 Pkt.)

10. Ein Mann steht neben einer Werbetafel (siehe Abbildung).
Schätze den Flächeninhalt der Werbetafel in m^2 ab und begründe dein Vorgehen.

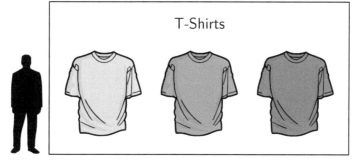

T-Shirts

Bilder: https://pixabay.com/de/geschäftsleute-führer-gruppe-152572/
https://pixabay.com/de/t-shirt-hemd-kleidung-gelb-153370/

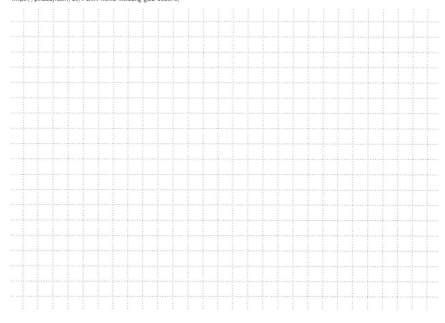

(2 Pkt.)

Fortsetzung nächste Seite

11. Die Grafik zeigt die Anzahl der Smartphone-Nutzer und die Bevölkerungszahl ausgewählter Länder im Jahr 2015.

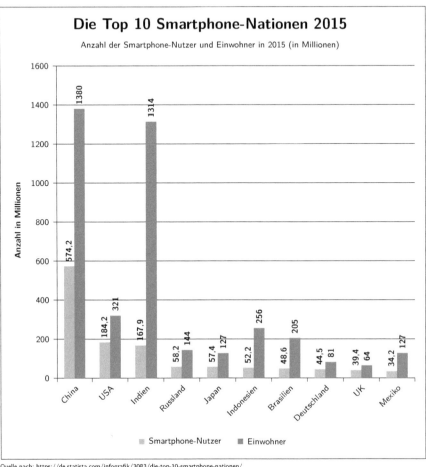

Die Top 10 Smartphone-Nationen 2015

Anzahl der Smartphone-Nutzer und Einwohner in 2015 (in Millionen)

Quelle nach: https://de.statista.com/infografik/3083/die-top-10-smartphone-nationen/

Kreuze entsprechend an:	richtig	falsch
a) Mehr als 50 % der Deutschen nutzen ein Smartphone.	☐	☐
b) In den USA leben mehr Menschen als in Indien.	☐	☐
c) In China benutzen etwa zehnmal so viele Menschen ein Smartphone wie in Japan.	☐	☐
d) Mehr als drei Viertel der Menschen in Brasilien nutzen kein Smartphone.	☐	☐

(2 Pkt.)

1.　Zunächst können die 25 % der 24 Jugendlichen berechnet werden:

Prozent | Jugendliche

$$100\,\% \triangleq 24 \qquad\qquad\qquad |:100$$
$$1\,\% \triangleq 0{,}24 \qquad\qquad\qquad |\cdot 25$$
$$\underline{25\,\% \triangleq 6}$$

Damit waren also $24 - 6 = \underline{18}$ Jugendliche anwesend.

2.　Die beiden quadratischen Flächen müssen jeweils an einer der kurzen Seite eines Rechtecks liegen. Sie dürfen also nicht an einer langen Seite eines Rechtecks liegen. Damit können die Netze A und D nicht zu einem Quader gefaltet werden. Die Netze $\underline{B}$ und $\underline{C}$ können zu einem Quader gefaltet werden.

3.　Die Prozentzahlen können in Dezimalzahlen umgerechnet werden. Es ist $100\,\% = 1$ und $35\,\% = 0{,}35$. Damit kann der Wert x des Platzhalters berechnet werden:

$$0{,}35 - 0{,}08 + 0{,}25 + x = 1$$
$$\Longleftrightarrow \qquad 0{,}52 + x = 1 \qquad |-0{,}52$$
$$\Longleftrightarrow \qquad \underline{x = 0{,}48}$$

An der Stelle des Platzhalters muss also $\underline{0{,}48}$ oder in Prozent $\underline{48\,\%}$ stehen.

4.　Die Länge der Diagonalen d eines Rechtecks kann mit Hilfe des Satz des Pythagoras berechnet werden (in cm):

$$d^2 = 6^2 + 8^2$$
$$\Longleftrightarrow \qquad d^2 = 100 \qquad |\sqrt{}$$
$$\Longleftrightarrow \qquad d = \sqrt{100}$$
$$\Longleftrightarrow \qquad \underline{d = 10}$$

Der Umfang der grau gefärbten Fläche entspricht viermal der Diagonalen und viermal der Grundkante eines Rechtecks, also (in cm):

$$u = 4 \cdot 8 + 4 \cdot 10 = 32 + 40 = \underline{72}$$

5.　a) Wenn zwei Meerschweinchen 30 Tage mit dem Futter auskommen, dann entspricht eine Packung also $30 \cdot 2 = 60$ Tagesrationen Futter. Für drei Meerschweinchen reicht die Packung also für $60 : 3 = \underline{20}$ Tage.

　　b) Der Preis für 6 Packungen ergibt sich zu $6 \cdot 4{,}95\,€ = \underline{29{,}70\,€}$.

6.　Durch Abzählen der Kästchen kann der Koordinatenursprung gefunden werden. Er befindet sich 3 LE links von Punkt A und 1 LE darunter. Wichtig ist zudem, dass das Koordinatensystem vollständig beschriftet wird:
(**Hinweis:** Die Darstellung ist nicht maßstabsgetreu, da die Zeichnung für den Buchdruck skaliert wurde.)

2017

Lösungen A

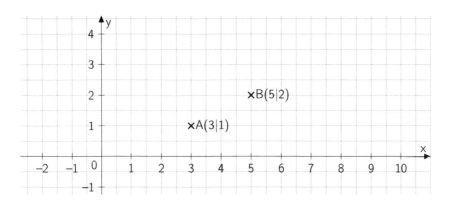

7. Der Fehler wurde von Zeile 2 zu Zeile 3 begangen:

falsch:	richtig:
$30x - 15 - 12x - 9 = 12$	$30x - 15 - 12x - 9 = 12$
$18x - 6 = 12$	$18x - 24 = 12$

8. Die falsche Aussage ist „25 % kommen mit dem Bus.". Die 25 % eines Kreises entsprechen 90° im Kreisdiagramm, also einem Viertelkreis. Der gezeigte Anteil für den Bus ist aber offensichtlich größer als ein Viertelkreis.

9. a) Beide Seiten werden zunächst separat berechnet. Es ist $\sqrt{144} = 12$ und $5^2 = 25$. Also gilt:

$$12 < 25$$
$$\iff \underline{\sqrt{144} < 5^2}$$

b) Der Bruch wird in eine Dezimalzahl umgerechnet: $\frac{2}{50} = \frac{4}{100} = 0{,}04$. Es gilt:

$$0{,}04 = 0{,}04$$
$$\underline{\frac{2}{50} = 0{,}04}$$

c) Ein Meter sind 100 cm. Es ist 0,02 m = 2 cm und damit

$$2\,\text{cm} = 2\,\text{cm}$$
$$\underline{0{,}02\,\text{m} = 2\,\text{cm}}$$

d) Die linke Seite der Gleichung wird wieder separat betrachtet: $2{,}7 \cdot 10^4 = 2{,}7 \cdot 10000 = 27000$.

$$27000 > 4300$$
$$\underline{2{,}7 \cdot 10^4 > 4300}$$

10. Die Fläche der Tafel wird ausgehend von der Körpergröße des Mannes abgeschätzt. Die Größe des Mannes liegt schätzungsweise zwischen 1,5 m und 2 m. Anhand dessen kann die Höhe der Tafel

auf 2,25 m bis 3,25 m und die Breite der Tafel auf 4,5 m bis 6,5 m geschätzt werden. Daraus kann die kleinste und die größte auf den Schätzungen basierende Fläche berechnet werden:

$$\text{kleinste: } A = 2{,}25\,\text{m} \cdot 4{,}5\,\text{m} = 10{,}125\,\text{m}^2 \approx 10\,\text{m}^2$$
$$\text{größte: } A = 3{,}25\,\text{m} \cdot 6{,}5\,\text{m} = 21{,}125\,\text{m}^2 \approx 21\,\text{m}^2$$

Schätzungen im Bereich von etwa 10 m² bis 21 m² sind sinnvoll.

11. a) **richtig:** Laut Diagramm hat Deutschland 81 Millionen Einwohner und 48,6 Millionen Smartphone-Nutzer. Dies entspricht

Prozent	Einwohner	
100 % $\triangleq$ 81		$\mid : 100$
1 % $\triangleq$ 0,81		
x % $\triangleq$ 44,5		$\mid : 0{,}81$
x $\approx$ 54,94 %		

also mehr als 50 %.

b) **falsch:** In den USA leben 321 Millionen, in Indien 1314 Millionen Menschen. Damit leben in Indien mehr Menschen als in den USA.

c) **richtig:** In Japan nutzen 57,4 Millionen Menschen ein Smartphone. Das zehnfache davon sind 574 Millionen Menschen, was in etwa der Anzahl der Smartphone-Nutzer in China, nämlich 574,2 Millionen Menschen entspricht.

d) **richtig:** Die Anzahl der Personen in Brasilien, die kein Smartphone nutzen beträgt 205 − 48,6 = 156,4 Millionen.

Prozent	Einwohner	
100 % $\triangleq$ 205		$\mid : 100$
1 % $\triangleq$ 2,05		
x % $\triangleq$ 156,4		$\mid : 2{,}05$
x $\approx$ 76,30 %		

Somit nutzen mehr als drei Vietel (größer als 75 %) der Menschen in Brasilien kein Smartphone.

2017

1. Löse folgende Gleichung.

$$\frac{x}{2} - 4 \cdot (7 - x) = \frac{1}{5} \cdot (75 - 3x) + 8$$ (4 Pkt.)

2. Ein Kegel hat die Körperhöhe $h_K = 24\,cm$
   Die Grundfläche hat den Radius $r = 10\,cm$

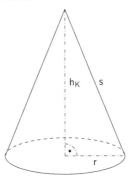

Hinweis: Skizze nicht maßstabsgetreu

a) Berechne das Volumen des Kegels

b) Ermittle rechnerisch die Länge der Mantellinie s des Kegels.

c) Ein anderer Kegel hat eine Gundfläche mit einem Flächeninhalt von $G = 706{,}5\,cm^2$.
   Berechne den Umfang der Grundfläche des zweiten Kegels.

(4 Pkt.)

3. a) Zeichne in ein Koordinantensystem (Einheit 1 cm) die Punkte $A\,(1\,|\,2)$ und $C\,(6\,|\,7)$ ein und
   verbinde sie zur Strecke [AC].
   Hinweis zum Platzsbedarf: x-Achse von −1 bis 9, y-Achse von −1 bis 9

b) Zeichne ein gleichschenkliges Dreieck AFC mit der Basis [AC]. Der Punkt F soll auf der x-Achse
   des Koordinatensystems liegen.

c) Die Strecke [AC] ist eine Diagonale des Quadrats ABCD.
   Zeichne dieses Quadrat und beschrifte es.

(4 Pkt.)

Fortsetzung nächste Seite

Fortsetzung Aufgabengruppe I

4. Die insgesamt 51 Schülerinnen und Schüler der 9. Klasse einer Mittelschule wurden zu ihren Plänen nach dem Abschluss befragt.

Was willst du nach dem Abschluss machen?			
Klasse	Ausbildung	Mittlerer Schulabschluss	Sonstiges (z. B. FSJ)
9a	18	?	4
9b	16	2	6

a) Gib die Anzahl der Schülerinnen und Schüler der Klasse 9a an, die einen mittleren Schulabschluss erwerben wollen.

b) Berechne, um wie viel Prozent die Anzahl der Jugendlichen, die eine Ausbildung beginnen wollen, in Klasse 9a größer ist als in Klasse 9b.

c) Stelle die Angaben der Klasse 9b in einem Kreisdiagramm (Radius $r = 6\,cm$) dar.

(4 Pkt.)

2017

1. Die Gleichung wird zunächst ausmultipliziert, dann umgeformt und aufgelöst:

$$\frac{x}{2} - 4 \cdot (7 - x) = \frac{1}{5} \cdot (75 - 3x) + 8 \qquad \text{[Umwandlung in Dezimalzahlen]}$$

$$0{,}5x - 4 \cdot (7 - x) = 0{,}2 \cdot (75 - 3x) + 8 \qquad \text{[Klammer auflösen]}$$

$$\Longleftrightarrow \qquad 0{,}5x - 28 + 4x = 15 - 0{,}6x + 8$$

$$\Longleftrightarrow \qquad 4{,}5x - 28 = 23 - 0{,}6x \qquad \qquad | + 0{,}6x$$

$$\Longleftrightarrow \qquad 5{,}1x - 28 = 23 \qquad \qquad | + 28$$

$$\Longleftrightarrow \qquad 5{,}1x = 51 \qquad \qquad | : 5{,}1$$

$$\Longleftrightarrow \qquad \underline{x = 10}$$

2. a) Das Volumen ergibt sich wie folgt:

$$V = \frac{1}{3} \cdot A_g \cdot h_K$$

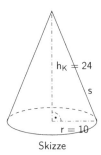

Skizze

Die Höhe h_K des Körpers ist bereits gegeben und beträgt $h_K = 24$ cm. Die Grundfläche ist ein Kreis, deren Fläche sich wie folgt ergibt:

$$A_g = \pi \cdot r^2 = \pi \cdot (10\,\text{cm})^2 \approx \underline{314\,\text{cm}^2}$$

Damit kann das Volumen bestimmt werden:

$$V = \frac{1}{3} \cdot A_g \cdot h_K = \frac{1}{3} \cdot 314\,\text{cm}^2 \cdot 24\,\text{cm} = \underline{2512\,\text{cm}^3}$$

b) Die Länge der Mantellinie s ergibt sich mit Hilfe des Satz des Pythagoras (in cm):

Skizze

$$s^2 = r^2 + h_K^2 \qquad | \sqrt{}$$

$$\Longleftrightarrow \qquad s = \sqrt{10^2 + 24^2}$$

$$\Longleftrightarrow \qquad s = \sqrt{100 + 576}$$

$$\Longleftrightarrow \qquad \underline{s = 26}$$

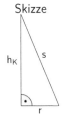

Die Mantellinie hat eine Länge $\underline{s = 26\,\text{cm}}$.

c) Aus der Grundfläche des zweiten Kegels kann zunächst der Radius r_2 bestimmt werden:

$$G = 706{,}5\,\text{cm}^2$$

$$\Longleftrightarrow \qquad \pi \cdot r_2{}^2 = 706{,}5\,\text{cm}^2 \qquad | : \pi$$

$$\Longleftrightarrow \qquad r_2{}^2 = 225\,\text{cm}^2 \qquad | \sqrt{}$$

$$\Longleftrightarrow \qquad \underline{r_2 = 15\,\text{cm}}$$

Aus dem Radius r_2 des zweiten Kegels kann nun der Umfang ermittelt werden:

$$u = 2 \cdot \pi \cdot r_2 = 2 \cdot \pi \cdot 15\,cm = \underline{94,2\,cm}$$

3. a) Es wird das Koordinatensystem gezeichnet. Dabei muss auf eine korrekte und vollständige Beschriftung geachtet werden. Anhand der Koordinaten können die Punkte A und C und damit auch die Strecke [AC] eingezeichnet werden.

   b) Um den Punkt F zu finden, wird die Mittelsenkrechte der Strecke [AC] gezeichnet. Dafür wird der Mittelpunkt M der Strecke [AC] ermittelt, indem man beim Punkt A mit dem Zirkel einsticht und einen Halbkreis mit einem Radius zeichnet, der größer als die Hälfte der Strecke [AC] ist. Das selbe Vorgehen wird beim C durchgeführt. Dort, wo sich die beiden Halbkreise zweimal treffen, legt man das Geo-Dreieck an und zeichnet eine Linie, die die Mittelsenkrechte von [AC] darstellt, bis zur x-Achse (in der Grafik gestrichelt). Der Schnittpunkt der Mittelsenkrechten mit der x-Achse ist der Punkt F. Damit kann das Dreieck AFC gezeichnet werden.

   c) Die Punkte B und D liegen ebenfalls auf der Mittelsenkrechten und haben den gleichen Abstand von M, den auch A und C von M haben. So kann das Quadrat gezeichnet und beschriftet werden.
   (**Hinweis:** Die Darstellung ist nicht maßstabsgetreu, da die Zeichnung für den Buchdruck skaliert wurde.)

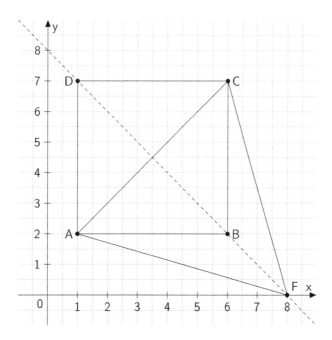

4. a) Die Gesamtzahl der Schülerinnen und Schüler ist 51. Subtrahiert man davon alle bereits gegebenen Zahlen der Tabelle, ergibt sich die gesuchte Anzahl:

$$51 - 18 - 16 - 2 - 4 - 6 = \underline{5}$$

In der Klasse 9a wollen also 5 Schülerinnen und Schüler einen mittleren Schulabschluss erwerben.

b) In der Klasse 9a wollen 18 Jugendliche eine Ausbildung beginnen, in der Klasse 9b sind es 16 Jugendliche. Somit sind es in der Klasse 9a zwei Jugendliche mehr, die eine Ausbildung beginnen wollen.

$$\textbf{Prozent} \mid \textbf{Jugendliche}$$
$$100\,\% \triangleq 16 \qquad\qquad \mid : 100$$
$$1\,\% \triangleq 0,16$$

$$x\,\% \triangleq 2 \qquad\qquad \mid : 0,16$$
$$x = \underline{12,5\,\%}$$

Demnach ist die Anzahl der Jugendlichen, die eine Ausbildung beginnen wollen, in Klasse 9a um 12,5 % größer als in der Klasse 9b.

c) In der Klasse 9b sind insgesamt $16 + 2 + 6 = 24$ Schüler, was dem vollen Kreis von 360° entspricht. Mit dem Dreisatz werden die Winkel zu den einzelnen Schülerzahlen bestimmt.
TIP: Beginne mit den Jugendlichen, die „sonstiges" nach dem Abschluss machen wollen, da 90 % $\triangleq$ viertel Kreis leicht einzuzeichnen ist. Danach kannst Du die 30 % für den Mittleren Schulabschluss einzeichnen.

24 Schüler $\triangleq$ 360°	$\mid : 24$	24 Schüler $\triangleq$ 360°	$\mid : 24$	24 Schüler $\triangleq$ 360°	$\mid : 24$
1 Schüler $\triangleq$ 15°	$\mid \cdot 2$	1 Schüler $\triangleq$ 15°	$\mid \cdot 6$	1 Schüler $\triangleq$ 15°	$\mid \cdot 16$
2 Schüler $\triangleq$ $\underline{30°}$		6 Schüler $\triangleq$ $\underline{90°}$		16 Schüler $\triangleq$ $\underline{240°}$	

Mit den ermittelten Gradzahlen kann das Kreisdiagramm erstellt werden:
(**Hinweis:** Die Darstellung ist nicht maßstabsgetreu, da die Zeichnung für den Buchdruck skaliert wurde.)

1. Löse folgende Gleichung.

   $$0{,}8 \cdot (7{,}5x - 12) - 10x + 51{,}6 = 6 - 16 \cdot (13x - 40{,}5)$$ (4 Pkt.)

2. Mona und ihre Freundin Kati interessieren sich beide für Motorroller.

   a) Mona bekommt folgende zwei Angebote:

Angebot 1	Angebot 2
4275 €	3995 €
12 % Rabatt auf diesen Preis!	Wir bieten Ihnen 3 % Skonto bei Barzahlung!

   Bild Roller nach https://pixabay.com/de/motorroller-transport-fahren-156840/

   Ermittle, welches dieser beiden Angebote günstiger ist.

   b) Kati kauft einen Roller, der von 4100 € auf 3567 € reduziert wurde.
   Berechne, wie viel Prozent der Rabatt beträgt.

   c) Um den Roller zu kaufen, muss Kati 10 Monate lang einen Kredit in Höhe von 3300 € zu einem Zinssatz von 4,5 % aufnehmen.
   Berechne die tatsächlichen Anschaffungskosten für Katis Roller.

   (4 Pkt.)

3. Die nachstehende Abbildung zeigt einen Richtungspfeil.

   Hinweis: Skizze nicht maßstabsgetreu

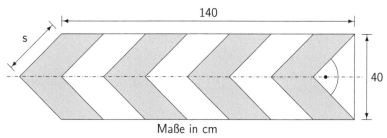

Maße in cm

   a) Die dunkel gefärbten Flächen werden mit reflektierender Folie beklebt.
   Berechne, wie viele m^2 Folie aufgeklebt werden.

   b) Berechne die Länge der Strecke s in cm .

   (4 Pkt.)

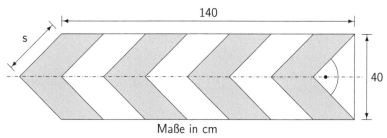

Fortsetzung nächste Seite

Fortsetzung Aufgabengruppe II

4. Aus einem Holzwürfel soll ein möglichst großer Zylinder hergestellt werden (siehe Skizze).

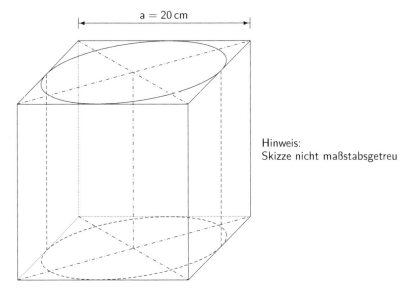

a = 20 cm

Hinweis:
Skizze nicht maßstabsgetreu

a) Berechne das Volumen des Holzes, das dafür entfernt werden muss.

b) Ermittle den Oberflächeninhalt des entstehenden Zylinders.

(4 Pkt.)

1. Die Gleichung wird zunächst ausmultipliziert, dann umgeformt und aufgelöst:

$$0{,}8 \cdot (7{,}5x - 12) - 10x + 51{,}6 = 6 - 16 \cdot (13x - 40{,}5)$$

$$\Longleftrightarrow \quad 6x - 9{,}6 - 10x + 51{,}6 = 6 - 208x + 648 \qquad \text{[Klammerauflösen]}$$

$$\Longleftrightarrow \quad -4x + 42 = 654 - 208x \qquad | + 208x$$

$$\Longleftrightarrow \quad 204x + 42 = 654 \qquad | - 42$$

$$\Longleftrightarrow \quad 204x = 612 \qquad | : 204$$

$$\Longleftrightarrow \quad \underline{x = 3}$$

2. a) Die jeweils zu zahlenden Endpreise können mit dem Dreisatz berechnet werden.
   Bei **Angebot 1** müssen nur noch $100\% - 12\% = 88\%$ gezahlt werden, da 12% Rabatt abgezogen werden:
   Für Angebot 1:
   Gegeben: Grundwert $(G) = 4\,275\,€$; Prozentsatz $(p) = 88\%$
   Gesucht: Prozentwert
   Lösung mit Dreisatz: **Lösung durch Formel:**

   Prozent | Euro

   $$100\% \mathrel{\hat{=}} 4\,275\,€ \qquad | : 100$$

   $$\Longleftrightarrow \quad 1\% \mathrel{\hat{=}} 42{,}75\,€ \qquad | \cdot 88$$

   $$\Longleftrightarrow \quad 88\% \mathrel{\hat{=}} \underline{3\,762\,€}$$

   $$P = \frac{G \cdot p}{100}$$

   $$= \frac{4\,275 \cdot 88}{100} = \underline{3\,762\,€}$$

   Für Angebot 2:
   Der Endpreis bei Angebot 2 entspricht $100\% - 3\% = 97\%$ des angezeigten Preises, da der Skonto mit 3% abgezogen wird:
   Gegeben: Grundwert $(G) = 3\,995\,€$; Prozentsatz $(p) = 88\%$
   Gesucht: Prozentwert
   Lösung mit Dreisatz: **Lösung durch Formel:**

   Prozent | Euro

   $$100\% \mathrel{\hat{=}} 3\,995\,€ \qquad | : 100$$

   $$\Longleftrightarrow \quad 1\% \mathrel{\hat{=}} 39{,}95\,€ \qquad | \cdot 97$$

   $$\Longleftrightarrow \quad 97\% \mathrel{\hat{=}} \underline{3\,875{,}15\,€}$$

   $$P = \frac{G \cdot p}{100}$$

   $$= \frac{3\,995 \cdot 97}{100} = \underline{3\,875{,}15\,€}$$

   Das **Angebot 1** ist also das günstigere.

   b) Wieder kann der Dreisatz oder die Formel verwendet werden:
   Lösung mit Dreisatz: **Lösung durch Formel:**

   Prozent | Euro

   $$100\% \mathrel{\hat{=}} 4\,100\,€ \qquad | : 100$$

   $$\Longleftrightarrow \quad 1\% \mathrel{\hat{=}} 41\,€$$

   $$\Longleftrightarrow \quad x\% \mathrel{\hat{=}} 3\,567\,€ \qquad | : 41$$

   $$\Longleftrightarrow \quad x \mathrel{\hat{=}} 86{,}92 \approx \underline{87}$$

   $$p = \frac{P \cdot 100}{G}$$

   $$= \frac{3\,567 \cdot 100}{4\,100} \approx \underline{87\%}$$

   Der Rabatt beträgt also $100\% - 87\% = \underline{13\%}$.

c) Zunächst wird die Höhe der Zinsen aus der Höhe des Kredits, dem Zinssatz und der Dauer (bezogen auf ein Jahr, also 12 Monate) bestimmt:

Gegeben: Kapital (K) = 3 300 € ; Zinssatz (p) = 4,5 %; Monate(t) = 10
Gesucht: Zinsen (Z)
Lösung: Durch Zinsformel mit Monaten

$$Z = \frac{K \cdot p \cdot \overset{(Monate)}{t}}{100 \cdot 12} = \frac{3\,300 \cdot 4,5 \cdot 10}{100 \cdot 12} = \underline{123,75\,€}$$

Die tatsächlichen Anschaffungskosten ergeben sich dann aus der Summe des Preises des Rollers und der Zinsen des Kredits wie folgt:

$$3\,567\,€ + 123,75\,€ = \underline{3\,690,75\,€}$$

3. a) Die Figur wird in einzelne Parallelogramme zerlegt. Die Grundseite mit einer Länge von 140 cm besteht aus 7 gleich großen Teilen. Die Grundseite eines Parallelogramms hat also eine Länge von 20 cm, wenn man die Länge von 140 cm durch 7 teilt. Die gesamte Figur hat eine Höhe von 40 cm, weshalb die Höhe eines Parallelogramms, nur die Hälfte 20 cm beträgt.

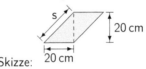

Skizze: 20 cm

Die grau gefärbte Fläche besteht aus insgesamt acht solcher Parallelogramme (grau gefärbte Fläche). Der Flächeninhalt ergibt sich also wie folgt:

$$A = 8 \cdot A_{Parallelogramm} = 8 \cdot 20\,cm \cdot 20\,cm = 8 \cdot 0,2\,m \cdot 0,2\,m = 0,32\,m^2$$

Zum Bekleben werden $\underline{0,32\,m^2}$ Folie benötigt.

b) Die Länge der Strecke s kann im Dreieck (in obiger Skizze durch eine gestrichelte Linie gekennzeichnet) durch den Satz des Pythagoras bestimmt werden:

$$s^2 = (20\,cm)^2 + (20\,cm)^2$$
$$\Longleftrightarrow \quad s = \sqrt{800\,cm^2} \qquad |\sqrt{}$$
$$\Longleftrightarrow \quad \underline{s \approx 28,28\,cm}$$

4. a) Das Volumen des entfernten Holzes ergibt sich aus der Differenz zwischen dem Volumen des Würfels und des Zylinders, der nach dem Entfernen des Holzes entsteht.

$$V_{entfernt} = V_{Würfel} - V_{Zylinder}$$

Das Volumen des Würfels ergibt sich wie folgt:

$$V_{Würfel} = 20\,cm \cdot 20\,cm \cdot 20\,cm = \underline{8\,000\,cm^3}$$

Die Grundfläche A_G des Zylinders ist ein Kreis mit dem Durchmesser 20 cm. Damit ergibt sich das Volumen des Zylinders:

$$V_{Zylinder} = A_G \cdot h = \pi \cdot (10\,cm)^2 \cdot 20\,cm \approx \underline{6\,280\,cm^3}$$

Das Volumen des entfernten Holze ist danns:

$$V_{entfernt} = V_{Würfel} - V_{Zylinder} = 8\,000\,cm^3 - 6\,280\,cm^3 = \underline{1\,720\,cm^3}$$

b) Die Grundfläche entspricht der Fläche des Kreises, die sich wie folgt ergibt:

$$A_G = \pi \cdot (10\,\text{cm})^2 \approx \underline{314\,\text{cm}^2}$$

Die Mantelfläche wird folgendermaßen berechnet:

$$A_M = u \cdot h = 2\pi \cdot 10\,\text{cm} \cdot 20\,\text{cm} \approx \underline{1\,256\,\text{cm}^2}$$

Die gesamte Oberfläche entspricht nun der Summe aus der Mantelfläche und zweimal der Grundfäche (Boden und Deckel):

$$O = 2 \cdot A_G + A_M = 2 \cdot 314\,\text{cm}^2 + 1256\,\text{cm}^2 = \underline{1\,884\,\text{cm}^2}$$

Angaben B III

1. Die Händler A, B, C und D beliefern eine Nudelfabrik mit insgesamt 48 700 Eiern.

    Händler B liefert 4600 Eier mehr als Händler A. Händler C liefert doppelt so viele Eier wie Händler B. Händler D bringt 4100 Eier.

    Wie viele Eier liefert jeder Händler an ?

    Löse mithilfe einer Gleichung.   (4 Pkt.)

2. Der Flächeninhalt des hellgrauen Dreiecks beträgt $144\,cm^2$.
    Berechne den Flächeninhalt und den Umfang des dunkelgrauen Quadrats.

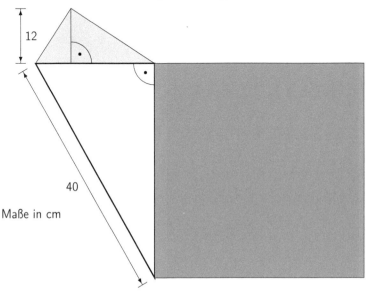

12

40

Maße in cm

Hinweis: Skizze nicht maßstabsgetreu

(4 Pkt.)

3. Aus 1350 kg Äpfeln werden 500 ℓ Apfelsaft hergestellt.
    a) Berechne, wie viele kg Äpfel man für 35 ℓ Apfelsaft benötigt.
    b) Ermittle, wie viele Liter Apfelsaft aus 540 kg Äpfeln herstellen kann.
    c) 35 ℓ Apfelsaft werden in Flaschen zu je 0,7 ℓ abgefüllt.
       In eine Getränkekiste passen 12 dieser Flaschen.
       Gib an, wie viele volle Getränkekisten diese 35 ℓ Apfelsaft ergeben.

                                                                                      (4 Pkt.)

Fortsetzung nächste Seite

2017

Fortsetzung Aufgabengruppe III

4.

Berufe	Monatslohn während der Ausbildung		
	1. Ausbildungsjahr	2. Ausbildungsjahr	3. Ausbildungsjahr
Bäcker/-in	470 €	600 €	730 €
Friseur/-in	394 €	?	596 €
Florist/-in	539 €	580 €	642 €

Quelle: Bundesinstitut für Berufsbildung, 2015

a) Berechne den durchschnittlichen Monatslohn einer Floristin in den drei Ausbildungsjahren.

b) Ermittle, wie viel Prozent ein Bäcker im 2. Ausbildungsjahr mehr verdient als im 1. Ausbildungsjahr.

c) Der Monatslohn eines Friseurs ist im 3. Ausbildungsjahr um 21 % höher als im 2. Ausbildungsjahr.
Berechne seinen Monatslohn im 2. Ausbildungsjahr. Runde auf ganze Euro.

(4 Pkt.)

1. Die Liefermenge von Händler A wird mit x bezeichnet, weil keine weiteren Angaben über diesen Händler zu finden sind. Alle anderen Mengen können in Abhängigkeit von x dargestellt werden:

   - „Händler A ist x, weil nichts anderes über diesen Händler bekannt ist."

   - „Händler B liefert 4 600 Eier mehr als Händler A"; Händler B: $x + 4\,600$

   - „Händler C liefert doppelt so viele Eier wie Händler B"; Händler C: $2(x + 4\,600)$

   - „Händler D bringt 4 100 Eier in die Nudelfabrik"; Händler D: 4 100

In der Summe müssen alle Händler 48 700 Eier in die Nudelfabrik liefern. Damit kann eine Gleichung aufgestellt werden, die anschließend nach x aufgelöst wird:

$$x + (x + 4\,600) + (2(x + 4\,600)) + 4\,100 = 48\,700$$
$$\Longleftrightarrow \quad x + x + 4\,600 + 2x + 9\,200 + 4\,100 = 48\,700$$
$$\Longleftrightarrow \quad 4x + 17\,900 = 48\,700 \qquad | - 17\,900$$
$$\Longleftrightarrow \quad 4x = 30\,800 \qquad | : 4$$
$$\Longleftrightarrow \quad \underline{x = 7\,700}$$

Eingesetzt in obige Beschreibungen ergeben sich die Liefermengen der jeweiligen Händler:

   - Händler A: $x = 7\,700$

   - Händler B: $x + 4\,600 = 7\,700 + 4\,600 = 12\,300$

   - Händler C: $2(x + 4\,600) = 2 \cdot 12\,300 = 24\,600$

   - Händler D: 4 100

2. Aus dem Flächeninhalt des hellgrauen Dreiecks ergibt sich die Länge g der Grundseite dieses Dreiecks:

$$A = 144 \,\text{cm}^2$$
$$\Longleftrightarrow \quad \frac{1}{2} \cdot g \cdot 12 \,\text{cm} = 144 \,\text{cm}^2 \qquad | : 12 \,\text{cm}$$
$$\Longleftrightarrow \quad \frac{1}{2} \cdot g = 12 \,\text{cm} \qquad | : \frac{1}{2}$$
$$\Longleftrightarrow \quad \underline{g = 24 \,\text{cm}}$$

Im weißen Dreieck kann damit die Länge der Seite a des Rechtecks durch den Satz des Pythagoras berechnet werden:

Skizze
g = 24 cm

$$(40 \,\text{cm})^2 = (24 \,\text{cm})^2 + a^2 \qquad | - (24 \,\text{cm})^2$$
$$\Longleftrightarrow \quad a^2 = (40 \,\text{cm})^2 - (24 \,\text{cm})^2$$
$$\Longleftrightarrow \quad a = \sqrt{1\,600 \,\text{cm}^2 - 576 \,\text{cm}^2} \,| \sqrt{}$$
$$\Longleftrightarrow \quad a = \sqrt{1\,024 \,\text{cm}^2}$$
$$\Longleftrightarrow \quad \underline{a = 32 \,\text{cm}}$$

40 cm   a

Mit der berechneten Kantenlänge können Fläche A und Umfang u des Quadrates ermittelt werden:

$$A = a \cdot a = 32 \,\text{cm} \cdot 32 \,\text{cm} = \underline{1\,024 \,\text{cm}^2} \qquad u = 4a = 4 \cdot 32 \,\text{cm} = \underline{128 \,\text{cm}}$$

3. a) Die benötigte Menge kann mit Hilfe des Dreisatzes bestimmt werden:

$$\text{Kilogramm} \mid \text{Liter}$$

$$1350 \,\text{kg} \triangleq 500 \,\ell \qquad \mid : 500$$

$$\Longleftrightarrow \qquad 2{,}7 \,\text{kg} \triangleq 1 \,\ell \qquad \mid \cdot 35$$

$$\Longleftrightarrow \qquad 94{,}5 \,\text{kg} \triangleq 35 \,\ell$$

Für 35 ℓ Saft benötigt man <u>94,5 kg</u> Äpfel.

b) Wieder kann der Dreisatz verwendet werden:

$$\text{Kilogramm} \mid \text{Liter}$$

$$1350 \,\text{kg} \triangleq 500 \,\ell \qquad \mid : 500$$

$$\Longleftrightarrow \qquad 2{,}7 \,\text{kg} \triangleq 1 \,\ell$$

$$\Longleftrightarrow \qquad 540 \,\text{kg} \triangleq x \,\ell \mid : 2{,}7$$

$$\Longleftrightarrow \qquad x \triangleq 200 \,\ell$$

Aus 540 kg Äpfeln können <u>200 ℓ</u> Apfelsaft hergestellt werden.

c) Zuerst wird berechnet, wie viele Flaschen man mit 35 ℓ Apfelsaft befüllen kann.

$$\text{Flaschen} \mid \text{Liter}$$

$$1 \,\text{Flasche} \triangleq 0{,}7 \,\ell$$

$$\Longleftrightarrow \qquad x \,\text{Flaschen} \triangleq 35 \,\ell \qquad \mid : 0{,}7$$

$$\Longleftrightarrow \qquad x \triangleq 50 \,\text{Flaschen}$$

In eine Getränkekiste passen 12 dieser Flaschen. Die 50 Flaschen werden aufgeteilt (50 : 12 ≈ 4,167 Kisten). Da die Anzahl voller Getränkekisten gesucht ist, ergeben die 35 ℓ Apfelsaft also <u>4</u> volle Getränkekisten.

4. a) Der durchschnittliche Monatslohn der Floristin ergibt sich aus der Summe der einzelnen Monatslöhne während der Ausbildung, geteilt durch die Anzahl der Ausbildungsjahre:

$$\frac{539 \,€ + 580 \,€ + 642 \,€}{3} = \frac{1\,761 \,€}{3} = 587 \,€$$

b) **Gegeben:** Grundwert (G) = 470 €; Prozentwert (P) = 600 € - 470 €= 130 €
Gesucht: Prozentsatz (p)

Lösung mit Dreisatz:	**Lösung durch Formel:**

Prozent $\mid$ **Euro**

$$100 \,\% \triangleq 470 \,€ \qquad \mid : 100$$

$$1 \,\% \triangleq 4{,}7 \,€$$

$$p = \frac{P \cdot 100}{G}$$

$$= \frac{130 \cdot 100}{470} \approx \underline{27{,}7 \,\%}$$

$$x \,\% \triangleq 130 \,€ \qquad \mid : 4{,}7$$

$$x \triangleq 27{,}6595... \approx \underline{27{,}7}$$

Ein Bäcker verdient im 2. Ausbildungsjahr also <u>27,7 %</u> mehr als im 1. Ausbildungsjahr.

c) Bezogen auf das 2. Ausbildungsjahr verdient ein Friseur im 3. Jahr also 21 % + 100 % = 121 %.
   Gegeben: Prozentwert (P) = 596 €; Prozentsatz (p) = 121 %
   Gesucht: Grundwert (G)
   Lösung mit Dreisatz: **Lösung durch Formel:**

   Prozent | Euro

   $121 \% \triangleq 596 €$ $| : 121$ $G = \dfrac{P \cdot 100}{p}$

   $1 \% \triangleq \dfrac{596}{121} €$ $| \cdot 100$ $= \dfrac{596 \cdot 100}{121} \triangleq 493 €$

   $100 \% \triangleq 493 €$

   Der Monatslohn des Auszubildenden im 2. Ausbildungsjahr beträgt <u>493 €</u>.

QUALI 2022
MITTELSCHULE

LASS DICH
VON UNS
COACHEN

DIGITALES
C▶ACHING

IN MATHE, ENGLISCH UVM.

DEINE NEUE LERNPLATTFORM UNTER

HTTPS://LERN.DE
ODER
HTTPS://MITTELSCHUL.GURU

1. Welche beiden Aufgaben haben das gleiche Ergebnis?
   Kreuze die beiden Aufgaben an.

15 % von 400 €	20 % von 400 €	30 % von 200 €	30 % von 400 €
☐	☐	☐	☐

(1 Pkt.)

2. Ergänze die fehlenden Angaben zu den Temperaturänderungen:

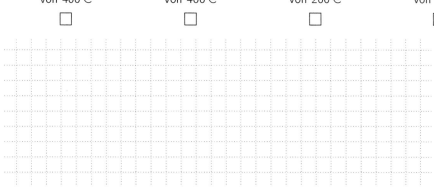

(1 Pkt.)

3. Richtig oder falsch? Kreuze entsprechend an:

	richtig	falsch
a) $1{,}1 \cdot 1{,}1 = 1{,}11$	☐	☐
b) $\sqrt{71}$ liegt zwischen 8 und 9	☐	☐
c) $0{,}825 + 0{,}085 = 0{,}91$	☐	☐
d) $8 \cdot x - 6 = 72$	☐	☐
$x = 12$		

(2 Pkt.)

Fortsetzung nächste Seite

4. In dem Dreieck gilt $\alpha = \beta$. Berechne die Größe des Winkels γ.

Hinweis:
Skizze nicht
maßstabsgetreu

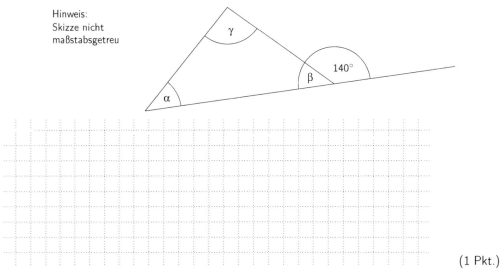

(1 Pkt.)

5. In einem Supermarkt werden Chips in verschiedenen Packungsgrößen angeboten. Paul will für seine Party 1 kg Chips kaufen.
    Bestimme jeweils den Preis für 1 kg und kreuze dann das günstigste Angebot an.

Packungsgröße	50 g	200 g	500 g
	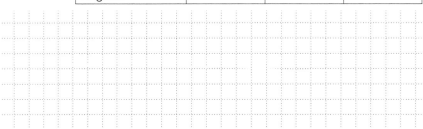		
Packungspreis	0,65 €	2,30 €	6,00 €
Preis / kg	€	€	€
günstigstes Angebot	☐	☐	☐

(2 Pkt.)

Fortsetzung nächste Seite

6. Der Flächeninhalt des Rechtecks beträgt 96 cm². Berechne den Umfang der gesamten Figur.

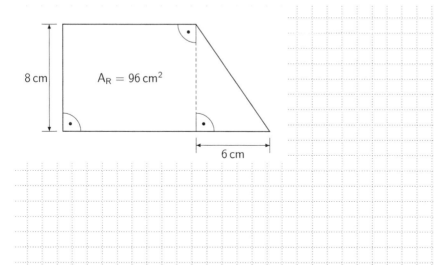

8 cm

$A_R = 96\,cm^2$

6 cm

(2 Pkt.)

7. Setze jeweils eine der gegebenen Zahlen aus dem Kreis ein, sodass korrekte Aussagen entstehen.

a) $27\,\% >$ ☐

b) $0,58 <$ ☐

c) $\dfrac{4}{10} =$ ☐

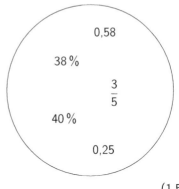

0,58

38 %

$\dfrac{3}{5}$

40 %

0,25

(1,5 Pkt.)

2018

Fortsetzung nächste Seite

8. In jedes Gefäß werden 500 cm³ Wasser eingefüllt.
    Ergänze die beiden Sätze zu einer wahren Aussage.

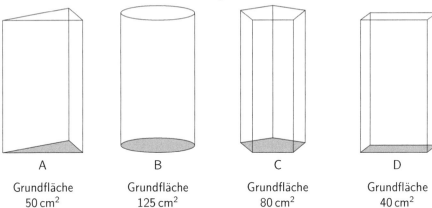

A	B	C	D
Grundfläche 50 cm²	Grundfläche 125 cm²	Grundfläche 80 cm²	Grundfläche 40 cm²

Im Gefäß ___ steht das Wasser am höchsten.

Im Gefäß ___ steht das Wasser am niedrigsten.

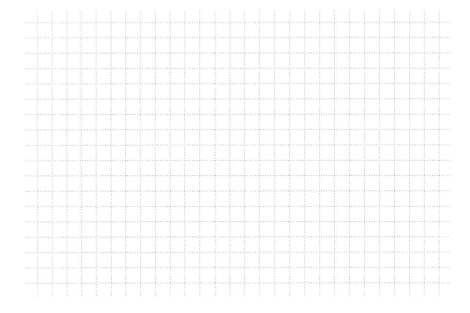

(1 Pkt.)

Fortsetzung nächste Seite

9. In einem Freibad gibt es unterschiedliche Preise für Kinder und Erwachsene. Drei Kinder bezahlen zusammen 10,20 €.

Für zwei Erwachsene und ein Kind kostet der Eintritt insgesamt 18,40 €.

Ergänze die Preisliste.

	Eintrittspreis
1 Kind	€
1 Erwachsener	€

(1,5 Pkt.)

10. Ein Regal mit zwei gleich hohen Fächern soll mit Schachteln befüllt werden (siehe Skizze).

Wie viele Schachteln mit den angegeben Maßen passen maximal in das Regal?

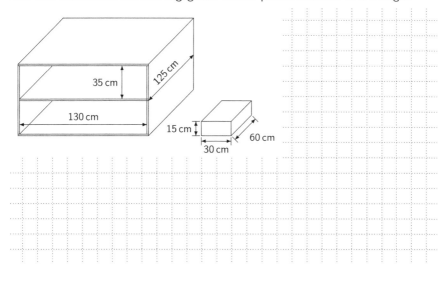

(1,5 Pkt.)

Fortsetzung nächste Seite

11. An der Ostsee steht der größte Strandkorb der Welt, auf dem mehrere Personen nebeneinander sitzen können (siehe Foto).

Schätze die Breite des Strandkorbs ab.

Beschreibe dein Vorgehen und begründe rechnerisch.

Quelle: Privat

(1,5 Pkt.)

1. Es sind vier Aufgaben gegeben, und zwei davon sollen dasselbe Ergebnis haben. Die jeweiligen Prozentwerte können mit der Formel oder dem Dreisatz bestimmt werden. Dabei gilt jeweils:

Gegeben: Grundwert (G); Prozentsatz (p)

Gesucht: Prozentwert (P)

Lösung mit Dreisatz:

Aufgabe 1:

Prozent	Euro	
$100\,\% \triangleq 400$		$\lvert : 100$
$1\,\% \triangleq 4$		$\lvert \cdot 15$
$15\,\% \triangleq 60$		

Aufgabe 2:

Prozent	Euro	
$100\,\% \triangleq 400$		$\lvert : 100$
$1\,\% \triangleq 4$		$\lvert \cdot 20$
$20\,\% \triangleq 80$		

Aufgabe 3:

Prozent	Euro	
$100\,\% \triangleq 200$		$\lvert : 100$
$1\,\% \triangleq 2$		$\lvert \cdot 30$
$30\,\% \triangleq 60$		

Aufgabe 4:

Prozent	Euro	
$100\,\% \triangleq 400$		$\lvert : 100$
$1\,\% \triangleq 4$		$\lvert \cdot 30$
$30\,\% \triangleq 120$		

Lösung durch Formel:

Aufgabe 1: $P = \dfrac{p \cdot G}{100} = \dfrac{15 \cdot 400}{100} = 60\,€$

Aufgabe 2: $P = \dfrac{p \cdot G}{100} = \dfrac{20 \cdot 400}{100} = 80\,€$

Aufgabe 3: $P = \dfrac{p \cdot G}{100} = \dfrac{30 \cdot 200}{100} = 60\,€$

Aufgabe 4: $P = \dfrac{p \cdot G}{100} = \dfrac{30 \cdot 400}{100} = 120\,€$

Die Ergebnisse der Aufgaben **1 und 3** haben demnach das gleiche Ergebnis.

2. Bei den Temperaturänderungen sollen die fehlenden Werte eingetragen werden. Für die erste Lücke werden folgende Überlegungen angestellt (in °C):

$$x + 9 = -18 \quad \lvert -9$$
$$\Longleftrightarrow \quad x = -18 - 9$$
$$\Longleftrightarrow \quad x = -27$$

Zweite Lücke:

$$-18 + x = 12 \lvert + 18$$
$$\Longleftrightarrow \quad x = 12 + 18$$
$$\Longleftrightarrow \quad x = 30$$

Eingesetzt ergibt sich also insgesamt:

3. Die gegebenen Aussagen werden auf Korrektheit überprüft:

a) **falsch**. Korrekt wäre: $1{,}1 \cdot 1{,}1 = 1{,}21$. Zur Berechnung ist eine Verschiebung des Kommas hilfreich. In beiden Faktoren wird das Komma um eine Stelle verschoben, sodass $11 \cdot 11 = 121$ gerechnet werden kann. Das Komma im Ergebnis muss dann um zwei Stellen zurückverschoben werden. Es ergibt sich $1{,}21$.

b) **richtig**. Es ist $8^2 = 64$ und $9^2 = 81$ und somit $\sqrt{64} = 8$ und $\sqrt{81} = 9$. Da nun $64 < 71 < 81$ gilt auch $\sqrt{64} < \sqrt{71} < \sqrt{81}$. Somit liegt $\sqrt{71}$ zwischen 8 und 9.

c) **richtig**. Die Lösung ergibt sich durch Addition der beiden Zahlen.

d) **falsch**. Die Gleichung kann nach x aufgelöst werden, woraus sich zeigt, dass die Aussage falsch ist. Eine leichtere Alternative ist es, das angegebene Ergebnis $x = 12$ in die Gleichung einzusetzen. Es ergibt sich $8 \cdot 12 - 6 = 90 = 72$, also eine falsche Aussage.

4. Der gegebene Winkel von $140°$ und β sind Nebenwinkel, also in Summe $180°$. Demnach ist $\beta = 180° - 140° = 40°$. Außerdem gilt laut Angabe $\alpha = \beta$, also auch $\alpha = 40°$. Die Innenwinkel in einem Dreieck ergeben zusammen stets $180°$. In dem Dreieck gilt also $\alpha + \beta + \gamma = 180°$ und somit:

$$\gamma = 180° - \alpha - \beta = 180° - 40° - 40° = \underline{\underline{100°}}$$

5. Um jeweils den Preis für ein $1\,\text{kg} = 1\,000\,\text{g}$ zu bestimmen, wird der Dreisatz verwendet:

Packungsgröße 50 g:

Gramm	Euro	
$50 \;\hat{=}\; 0{,}65$	$\mid \cdot 20$
$\underline{1\,000 \;\hat{=}\; 13{,}00}$	

Packungsgröße 200 g:

Gramm	Euro	
$200 \;\hat{=}\; 2{,}30$	$\mid \cdot 5$
$\underline{1\,000 \;\hat{=}\; 11{,}50}$	

Packungsgröße 500 g:

Gramm	Euro	
$500 \;\hat{=}\; 6{,}00$	$\mid \cdot 2$
$\underline{1\,000 \;\hat{=}\; 12{,}00}$	

Demnach ist die $\underline{200\,\text{g-Packung}}$ das günstigste Angebot.

6. Es soll der Umfang des Trapez bestimmt werden.

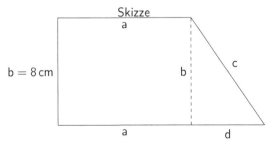

Skizze

Das Rechteck mit den Seiten a und $b = 8\,\text{cm}$ hat einen Flächeninhalt von $A = 96\,\text{cm}^2$. Es gilt (in cm):

$$A = 96$$
$$\Longleftrightarrow \quad a \cdot b = 96$$
$$\Longleftrightarrow \quad a \cdot 8 = 96 \qquad \mid : 8$$
$$\Longleftrightarrow \quad \underline{a = 12}$$

Weiterhin muss noch die Länge der Diagonale c bestimmt werden. Da im rechten Dreieck die Längen $b = 8\,\text{cm}$ und $d = 6\,\text{cm}$ bekannt sind, kann in diesem Dreieck mit dem Satz des Pythagoras gerechnet werden (in cm):

$$c^2 = b^2 + d^2 \qquad \checkmark$$
$$\Longleftrightarrow \quad c = \sqrt{8^2 + 6^2}$$

$$\Longleftrightarrow \qquad \underline{c = 10}$$

Damit sind alle benötigten Kantenlängen ermittelt. Für den Umfang des Trapezes gilt entsprechend der Zeichnung:

$$u = b + a + d + c + a = (8 + 12 + 6 + 10 + 12)\,\text{cm} = \underline{48\,\text{cm}}$$

7. Für die korrekte Lösung ist es hilfreich, alle gegebenen Zahlen aus dem Kreis als Dezimalzahl darzustellen. Diese lauten dann:

$$0{,}58 \qquad 38\% = 0{,}38 \qquad \frac{3}{5} = 0{,}6 \qquad 40\% = 0{,}4 \qquad 0{,}25$$

a) Gesucht ist eine Zahl **kleiner** als $27\% = 0{,}27$. Die einzige Zahl aus dem Kreis die eingesetzt werden kann ist also $\underline{0{,}25}$.

b) Gesucht ist nun eine Zahl **größer** als $0{,}58$. Von den gegebenen Zahlen ist nur $0{,}6$ größer, sodass die richtige Lösung $\underline{\frac{3}{5}}$ ist.

c) Die Zahl soll **gleich** $\frac{4}{10} = 0{,}4$ sein. Die korrekte Lösung ist also $\underline{40\%}$.

8. Um die Füllhöhe des Wassers zu berechnen, wird die Formel $V = G \cdot h$ verwendet, dabei ist also das Volumen das Produkt aus Grundfläche G und Höhe h. Entsprechend ergibt sich die Füllhöhe zu $h = V : G$. Da das Volumen jeweils für alle Gefäße gleich $500\,\text{cm}^3$ ist, kann je nach Grundfläche die Füllhöhe bestimmt werden (in cm):
Figur A: $h_A = 500 : 50 = 10$
Figur B: $h_B = 500 : 125 = 4$
Figur C: $h_C = 500 : 80 = 6{,}25$
Figut D: $h_D = 500 : 40 = 12{,}5$
Am **höchsten** steht also das Wasser in **Gefäß D** und am **niedrigsten** in **Gefäß B**.

Alternative Lösung:
Ohne die Werte konkret auszurechnen, kann auch direkt überlegt werden, dass das Wasser im Gefäß mit der größten Grundfläche am niedrigsten (**Gefäß B**) und im Gefäß mit der kleinsten Grundfläche am höchsten (**Gefäß D**) steht.

9. Aus der ersten Angabe, dass drei Kinder zusammen $10{,}20\,€$ bezahlen, ergibt sich der Eintrittspreis K eines Kindes:

$$K = 10{,}20\,€ : 3 = \underline{3{,}40\,€}$$

Mit diesem Wert und der zweiten Angabe, dass zwei Erwachsene und ein Kind $18{,}40\,€$ bezahlen, kann der Preis E eines Erwachsenen bestimmt werden (in €):

$$
\begin{aligned}
& 2E + 1K = 18{,}40 & \\
\Longleftrightarrow \quad & 2E + 3{,}40 = 18{,}40 & |-3{,}40 \\
\Longleftrightarrow \quad & 2E = 15{,}00 & |:2 \\
\Longleftrightarrow \quad & \underline{E = 7{,}50} &
\end{aligned}
$$

Die komplette Preisliste lautet also:

	Eintrittspreis
1 Kind	3,40 €
1 Erwachsener	7,50 €

10. Um zu ermitteln, wie viele Kisten pro Fach passen, werden jeweils die Maße des Faches durch die Maße der Kiste dividiert (Maße in cm):

$$\text{Breite:} \quad 130 : 30 \approx 4{,}33$$
$$\text{Höhe:} \quad 35 : 15 \approx 2{,}33$$
$$\text{Tiefe:} \quad 125 : 60 \approx 2{,}08$$

Da jeweils nur eine ganze Anzahl an Kisten pro Richtung zulässig ist, werden diese Resultate abgerundet, sodass in der Breite **vier**, in der Höhe **zwei** und in der Tiefe **zwei** Kisten pro Fach passen. Da es insgesamt **zwei** Fächer gibt, gilt für die Gesamtzahl:

$$2 \cdot 4 \cdot 2 \cdot 2 = \underline{\underline{32}}$$

11. Die Breite des Strandkorbs kann durch Abschätzung über die Anzahl der Personen, die nebeneinander Platz hätten, oder über die Anzahl der Streifen erfolgen.

Es passen schätzungsweise 10 bis 14 Personen nebeneinander. Pro Person kann etwa eine Sitzbreite von 0,5 m abgeschätzt werden. Zusätzlich können die beiden Wände links und rechts außen mit etwa 0,2 m abgeschätzt werden. Rechnet man beispielsweise mit 12 Personen, so ergibt sich eine Gesamtbreite (Maße in m):

$$12 \cdot 0{,}5 + 2 \cdot 0{,}2 = \underline{\underline{6{,}4}}$$

Analog kann die Breite über die Anzahl und Breite der Streifen abgeschätzt werden.
Ergebnisse im Bereich <u>5 m bis 7,5 m</u> sind plausibel.

1. Für den Unterricht im Fach Soziales werden gelbe, rote und blaue Schürzen bestellt. Insgesamt sind es 83 Schürzen. Von den gelben werden dreimal so viele bestellt wie von den roten. Es werden 20 blaue Schürzen mehr bestellt als gelbe.

   Wie viele Schürzen werden von jeder Farbe bestellt?

   Stelle deinen Lösungsweg nachvollziehbar dar. (4 Pkt.)

2. Die Abbildung zeigt ein Werkstück.

   Die Vorder- und Rückseite sind deckungsgleiche gleichschenklige Dreiecke.

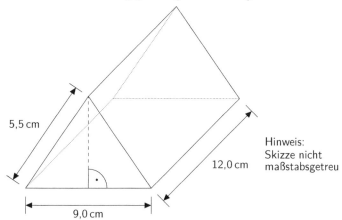

   5,5 cm

   12,0 cm

   Hinweis:
   Skizze nicht
   maßstabsgetreu

   9,0 cm

   a) Berechnen den Oberflächeninhalt des Werkstücks.

   b) Ermittle das Volumen des Werkstücks.

   (4 Pkt.)

3. a) Zeichne in ein Koordinatensystem (Einheit 1 cm) die Punkte B (− 0,5 | − 1,5) und D (− 3,5 | 2,5) ein und verbinde sie zur Strecke [BD].
   Hinweis zum Platzbedarf: x-Achse von −7 bis 3, y-Achse von −3 bis 4

   b) Verbinde die Punkte B und D mit dem Punkt A (− 6 | − 2,5) zu einem Dreieck. Gib an, welches besondere Dreieck dadurch entsteht.

   c) Zeichne die Senkrechte zu [BD] durch den Punkt A.

   d) Lege den Punkt C so fest, dass die Raute ABCD entsteht, und beschrifte die Eckpunkte der Raute.

   (4 Pkt.)

Fortsetzung nächste Seite

Fortsetzung Aufgabengruppe I

4. Die Tabelle zeigt, wie viel Gemüse jede Person in Deutschland durchschnittlich in einem Jahr isst.

Gemüse pro Person in einem Jahr in Deutschland		
Gemüse	**Menge**	**Anteil**
Tomaten	24,9 kg	?
Karotten	8,7 kg	9,4 %
Gurken	?	6,8 %
Weitere Gemüsesorten	?	?
Summe	**93 kg**	**100 %**

Nach: Bundesministerium für Ernährung, Landwirtschaft und Verbraucherschutz, 2016

a) Berechne, wie viele Kilogramm Gurken eine Person durchschnittlich in einem Jahr isst.

b) Ermittle den prozentualen Anteil der Tomaten am verzehrten Gemüse.

c) Berechne, wie viele Kilogramm Gemüse eine vierköpfige Familie im Monat durchschnittlich isst.

d) Der durchschnittliche Verzehr von Gemüse pro Person in Deutschland ist um 2,6 % höher als der in Bayern.

Ermittle, wie viele Kilogramm Gemüse jede Person in Bayern durchschnittlich pro Jahr isst.

(4 Pkt.)

1. Aus dem Text ergibt sich die Gesamtzahl der Schürzen zu 83. Die Anzahl der roten Schürzen wird nun als Unbekannte x festgelegt, da die Anzahl der anderen Schürzen darüber dargestellt werden kann.

$$\text{rote Schürzen} \triangleq x$$

„...Von den gelben werden dreimal so viele bestellt wir von den roten...":

$$\text{gelbe Schürzen} \triangleq 3x$$

„...20 blaue Schürzen mehr bestellt als gelbe..."

$$\text{blaue Schürzen} \triangleq 3x + 20$$

Da es insgesamt 83 sind, folgt:

$$x + 3x + (3x + 20) = 83$$
$$\Longleftrightarrow \qquad 7x + 20 = 83 \qquad |-20$$
$$\Longleftrightarrow \qquad 7x = 63 \qquad |:7$$
$$\Longleftrightarrow \qquad \underline{x = 9}$$

Eingesetzt ergibt sich die Anzahl der Schürzen pro Farbe:

$$\text{rote Schürzen:} \qquad x = \underline{9}$$
$$\text{gelbe Schürzen:} \qquad 3x = \underline{27}$$
$$\text{blaue Schürzen:} \quad 3x + 20 = \underline{47}$$

2. a) Zunächst wird die Höhe h des vorderen Dreiecks ermittelt, um dessen Fläche berechnen zu können. Dazu wird in einem Teildreieck gerechnet (in cm):

$$h^2 + \left(\frac{1}{2} \cdot 9\right)^2 = 5{,}5^2$$
$$\Longleftrightarrow \qquad h^2 + 4{,}5^2 = 5{,}5^2 \qquad |-4{,}5^2$$
$$\Longleftrightarrow \qquad h^2 = 5{,}5^2 - 4{,}5^2$$
$$\Longleftrightarrow \qquad h = \sqrt{5{,}5^2 - 4{,}5^2}$$
$$\Longleftrightarrow \qquad \underline{h \approx 3{,}2}$$

Skizze

Damit können nun alle Teilflächen der Oberfläche berechnet werden. Die Oberfläche besteht aus dem vorderen und dem hinteren Dreieck mit der identischen Fläche A_D, den beiden gleichen oberen Rechtecken mit der Fläche A_R und dem unteren Rechteck mit der Fläche A_B (Maße in cm):

$$A_D = \frac{1}{2}(g \cdot h) = \frac{1}{2}(9 \cdot 3{,}2) = \frac{1}{2} \cdot 28{,}8 = \underline{14{,}4}$$
$$A_R = 5{,}5 \cdot 12 = \underline{66}$$
$$A_B = 9 \cdot 12 = \underline{108}$$

Damit gilt für den gesamten Oberflächeninhalt A_{ges} (in cm):

$$A_{ges} = 2 \cdot A_D + 2 \cdot A_R + A_B = 2 \cdot 14{,}4 + 2 \cdot 66 + 108$$
$$= 28{,}8 + 132 + 108 = 268{,}8$$

Der Oberflächeninhalt des Werkstückes beträgt also $\underline{268{,}8\,cm^2}$.

b) Das Volumen ergibt sich aus dem Produkt von Grundfläche und Höhe. Die Grundfläche ist dabei dann die Fläche A_D eines Dreiecks, die Höhe ist 12 cm. Dann gilt für das Volumen (in cm):

$$V = A_D \cdot h_P = 14{,}4 \cdot 12 = 172{,}8$$

Das Volumen des Prismas beträgt also $\underline{172{,}8\,\text{cm}^3}$

3. a) Es wird ein Koordinatensystem gezeichnet. Dabei muss auf eine korrekte und vollständige Beschriftung geachtet werden. Anhand der Koordinaten können die Punkte B und D und damit auch die Strecke [BD] eingezeichnet werden.

b) Der Punkt A wird gezeichnet und mit dem Punkt B und dem Punkt D verbunden, wodurch ein **gleichschenkliges Dreieck** entsteht.

c) Da das Dreieck gleichschenklig ist, handelt es sich bei der Senkrechten zu [BD] durch den Punkt A um die Mittelsenkrechte von [BD]. Um diese zu konstruieren, wird mit einer Zirkelspanne größer als die halbe Seitenlänge von [BD] jeweils ein Kreis um B und D gezeichnet. Diese beiden Kreise schneiden sich in zwei Punkten. verbindet man diese Punkte erhält man die Mittelsenkrechte zu [BD].

d) Damit sich eine Raute ergibt, muss der Punkt C auf der in Teilaufgabe c) konstruierten Senkrechten zu [BD] liegen. Da in einer Raute alle Seiten die gleiche Länge haben, kann der Punkt C wie folgt konstruiert werden: In die Zirkelspanne wird die Länge einer der Seiten [AD] oder [AB] genommen. Zieht man damit einen Kreis um einen der Punkte B oder D, so schneidet dieser die Senkrechte zu [BD] im Punkt C. Dieser hat dann die Koordinaten $C\,(2\,|\,3{,}5)$.

Komplette Zeichnung:
(**Hinweis:** Die Darstellung ist nicht maßstabsgetreu, da die Zeichnung für den Buchdruck skaliert wurde.)

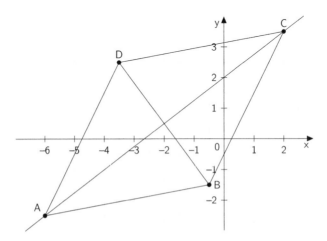

4. a) Von insgesamt 93 kg Gemüse pro Jahr, liegt der Anteil der Gurken bei 6,8 %.

Gegeben: Grundwert (G) = 93 kg; Prozentsatz (p) = 6,8 %
Gesucht: Prozentwert (P)

Lösung mit Dreisatz:

Prozent | kg

$100\,\% \,\hat{=}\, 93 \qquad\qquad | : 100$

$1\,\% \,\hat{=}\, 0{,}93 \qquad\qquad | \cdot 6{,}8$

$6{,}8\,\% \,\hat{=}\, 6{,}324 \approx 6{,}3$

Lösung durch Formel:

$$P = \frac{G \cdot p}{100}$$

$$= \frac{93 \cdot 6{,}8}{100} \approx 6{,}3\,kg$$

Eine Person isst in einem Jahr durchschnittlich 6,3 kg Gurke.

b) Wieder können Dreisatz oder Formel zur Lösung verwendet werden:

Gegeben: Grundwert (G) = 93 kg; Prozentwert (P) =24,9 kg
Gesucht: Prozentsatz (p)

Lösung mit Dreisatz:

Prozent | kg

$100\,\% \,\hat{=}\, 93 \qquad\qquad | : 100$

$1\,\% \,\hat{=}\, 0{,}93$

$x\,\% \,\hat{=}\, 24{,}9 \qquad\qquad | : 0{,}93$

$x = 26{,}774\,\% \approx 26{,}8\,\%$

Lösung durch Formel:

$$p = \frac{P \cdot 100}{G}$$

$$= \frac{24{,}9 \cdot 100}{93} \approx 26{,}8\,\%$$

Der prozentuale Anteil der Tomaten am jährlich verzehrten Gemüse pro Person ist 26,8 %.

c) Zunächst wird der jährliche Verbrauch der **vier**köpfigen Familie bestimmt:

$$4 \cdot 93\,kg = 372\,kg$$

Da ein Jahr zwölf Monate hat, muss dieser Wert nun noch durch zwölf dividiert werden, da der monatliche Verbrauch gesucht ist:

$$372\,kg : 12 = 31\,kg$$

Eine vierköpfige Familie isst im Monat also durchschnittlich 31 kg Gemüse.

d) Erneut können Dreisatz oder Formel zur Lösung der Aufgabe angesetzt werden. Dabei muss beachtet werden, dass die 100 % nun der Menge an verzehrtem Gemüse in Bayern entsprechen:

Gegeben: Prozentwert (P) = 93 kg; Prozentsatz (p) = 100 % + 2,6 % = 102,6 %
Gesucht: Grundwert (G)

Lösung mit Dreisatz:

Prozent | kg

$102{,}6\,\% \,\hat{=}\, 93 \qquad\qquad | : 102{,}6$

$1\,\% \,\hat{=}\, 0{,}90643 \qquad\qquad | \cdot 100$

$100\,\% \,\hat{=}\, 90{,}643 \approx 90{,}6$

Lösung durch Formel:

$$G = \frac{P \cdot 100}{p}$$

$$= \frac{93 \cdot 100}{102{,}6} \approx 90{,}6\,kg$$

Also werden in Bayern pro Person im Durchschnitt jährlich 90,6 kg Gemüse gegessen.

1. Löse folgende Gleichung.

    $34,25x - 48 - 3,5 \cdot (23 + x) = (166,25 + 20x) : 2,5 + 6,5x$ (4 Pkt.)

2. Ein Händler hat zwei Geschäfte, eines in Deutschland und eines in Österreich. In beiden Geschäften bietet er das gleiche Fernsehgerät an. Der Preis ohne Mehrwertsteuer beträgt in beiden Ländern 1500 € pro Gerät.

    a) Im österreichischen Geschäft verkauft er ein Gerät einschließlich Mehrwertsteuer für 1800 €. Ermittle den österreichischen Mehrwertsteuersatz in Prozent.

    b) Wie viel kostet ein Gerät im deutschen Geschäft bei 19 % Mehrwertsteuer? Berechne diesen Preis.

    c) Herr Huber kauft ein anderes Fernsehgerät. Nach Abzug von 8 % Rabatt und 2 % Skonto zahlt er dafür 2073,68 €.
    Berechne seine Ersparnis für dieses Gerät in Euro.

Bildquelle: https://pixabay.com/de/monitor-tv-fernsehen-155158/

(4 Pkt.)

3. In einem Parallelogramm verbindet die Seite b die Eckpunkte B und C. Die Seitenlänge b beträgt 5 cm, die zugehörige Höhe $h_b = 3,2$ cm und der Winkel $\beta = 115°$.

    a) Zeichne das Parallelogramm und beschrifte die Eckpunkte.

    b) Berechne den Flächeninhalt des Parallelogramms.

    c) Ein Rechteck hat den doppelten Flächeninhalt wie dieses Parallelogramm. Gib eine Möglichkeit für die Seitenlängen dieses Rechtecks an.

    (4 Pkt.)

Fortsetzung nächste Seite

Fortsetzung Aufgabengruppe II

4. Für den Versand einer quadratischen Glaspyramide ($a = 16\,cm$, $h_s = 17\,cm$) wird aus einem Schaumstoffwürfel mit der Kantenlänge $b = 20\,cm$ ein passender Transportschutz hergestellt.

Berechne das Volumen des Transportschutzes.

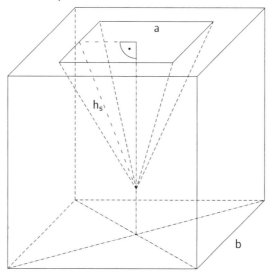

Hinweis: Skizze nicht maßstabsgetreu

(4 Pkt.)

1. Die Gleichung wird zunächst ausmultipliziert, dann umgeformt und aufgelöst:

$$34{,}25x - 48 - 3{,}5 \cdot (23 + x) = (166{,}25 + 20x) : 2{,}5 + 6{,}5x \qquad \text{(Ausmultiplizieren)}$$

$$\Longleftrightarrow \qquad 34{,}25x - 48 - 80{,}5 - 3{,}5x = 66{,}5 + 8x + 6{,}5x$$

$$\Longleftrightarrow \qquad 30{,}75x - 128{,}5 = 66{,}5 + 14{,}5x \qquad | - 14{,}5x$$

$$\Longleftrightarrow \qquad 16{,}25x - 128{,}5 = 66{,}5 \qquad | + 128{,}5$$

$$\Longleftrightarrow \qquad 16{,}25x = 195 \qquad | : 16{,}25$$

$$\Longleftrightarrow \qquad \underline{x = 12}$$

2. a) Zur Lösung der Aufgabe kann Dreisatz oder Formel verwendet werden:

Gegeben: Grundwert (G) = 1 500 €; Prozentwert (P) = 1 800 €
Gesucht: Prozentsatz (p)

Lösung mit Dreisatz: **Lösung durch Formel:**

Prozent | Euro
$$100\,\% \triangleq 1\,500 \qquad | : 100$$
$$1\,\% \triangleq 15$$

$$p = \frac{P \cdot 100}{G}$$
$$= \frac{1\,800 \cdot 100}{1\,500} = 120\,\%$$

$$x\,\% \triangleq 1\,800 \qquad | : 15$$
$$x = 120\,\%$$

Der Mehrwertsteuersatz in Österreich liegt demnach bei $120\,\% - 100\,\% = \underline{20\,\%}$.

b) Wieder können Dreisatz oder Formel zur Lösung verwendet werden:

Gegeben: Grundwert (G) = 1 500 €; Prozentsatz (p) = $100\,\% + 19\,\% = 119\,\%$
Gesucht: Prozentwert (P)

Lösung mit Dreisatz: **Lösung durch Formel:**

Prozent | Euro
$$100\,\% \triangleq 1\,500 \qquad | : 100$$
$$1\,\% \triangleq 15 \qquad | \cdot 119$$
$$119\,\% \triangleq 1\,785$$

$$P = \frac{G \cdot p}{100}$$
$$= \frac{1\,500 \cdot 119}{100} = 1\,785 \text{ €}$$

Im deutschen Geschäft kostet ein Gerät demnach $\underline{1\,785\,€}$.

c) In dieser Aufgabe gelangt man in zwei Schritten zur richtigen Lösung, da vom Originalpreis zunächst der Rabatt und vom Rabattpreis noch der Skonto abgezogen wird. Entsprechen muss zurückgerechnet werden. Der bezahlte Preis 2 073,68 € entspricht durch Abzug von 2 % Skonto also 98 % des Rabattpreises:

Gegeben: Prozentwert (P) = 2 073,68 €; Prozentsatz (p) = $100\,\% - 2\,\% = 98\,\%$
Gesucht: Grundwert (G)

2018

Lösung mit Dreisatz:

Prozent | Euro

$98\,\% \triangleq 2\,073{,}68 \quad |:98$

$1\,\% \triangleq 21{,}16 \quad |\cdot 100$

$100\,\% \triangleq 2\,116$

Lösung durch Formel:

$$G = \frac{P \cdot 100}{p}$$

$$= \frac{2\,073{,}68 \cdot 100}{98} = 2\,116\,\text{€}$$

Der Rabattpreis beträgt also 2 116 €, was wiederum 92 % des Originalpreises entspricht:

Gegeben: Prozentwert (P) = 2 116 €; Prozentsatz (p) = 100 % − 8 % = 92 %
Gesucht: Grundwert (G)

Lösung mit Dreisatz:

Prozent | Euro

$92\,\% \triangleq 2\,116 \quad |:92$

$1\,\% \triangleq 23 \quad |\cdot 100$

$100\,\% \triangleq 2\,300$

Lösung durch Formel:

$$G = \frac{P \cdot 100}{p}$$

$$= \frac{2\,116 \cdot 100}{92} = 2\,300\,\text{€}$$

Der Originalpreis lag also bei 2 300 €. Seine Ersparnis beläuft sich damit auf 2 300 € − 2 073,68 € = 226,32 €.

3. a) Bei der Zeichnung ist darauf zu achten, dass alle gegebene Punkte und Strecken zu beschriften sind. β ist der Winkel am Punkt B.
    (**Hinweis:** Die Darstellung ist nicht maßstabsgetreu, da die Zeichnung für den Buchdruck skaliert wurde.)

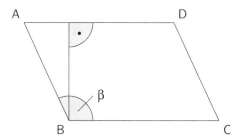

b) Der Flächeninhalt eines Parallelogramms A_P ergibt sich aus Grundseite und Höhe (Maße in cm):

$$A_P = b \cdot h_b = 5 \cdot 3{,}2 = 16$$

Der Flächeninhalt des Parallelogramms beträgt also 16 cm².

c) Der Flächeninhalt des Rechtecks A_R muss $A_R = 2 \cdot 16\,\text{cm}^2 = 32\,\text{cm}^2$ betragen.
Als mögliche Lösungen für die Seitenlängen a und b des Rechtecks sind alle Paare möglich, für die $a \cdot b = 32\,\text{cm}^2$ gilt. Mögliche Lösungen (Maße in cm):

$$a = 1 \quad \Rightarrow \quad 32 = 1 \cdot b \quad \Rightarrow \quad 32 : 1 = 32 = b$$

$$a = 2 \quad \Rightarrow \quad 32 = 2 \cdot b \quad \Rightarrow \quad 32 : 2 = 16 = b$$

$$a = 4 \quad \Rightarrow \quad 32 = 4 \cdot b \quad \Rightarrow \quad 32 : 4 = 8 = b$$

...

2018

4. Das Volumen des Transportschutzes ergibt sich aus der Differenz von Volumen des Würfels und Volumen der Pyramide. Um das Volumen der Pyramide zu bestimmen wird zunächst mithilfe des Satz des Pythagoras die Höhe dieser berechnet (Maße in cm):

Skizze:
$\frac{a}{2} = 8\,\text{cm}$

$$h_s^2 = h_p^2 + \left(\frac{a}{2}\right)^2$$
$$\Longleftrightarrow \quad 17^2 = h_p^2 + 8^2 \qquad |-8^2$$
$$\Longleftrightarrow \quad h_p^2 = 17^2 - 8^2 \qquad |\sqrt{}$$
$$\Longleftrightarrow \quad h_p = \sqrt{17^2 - 8^2}$$
$$\Longleftrightarrow \quad \underline{h_p = 15}$$

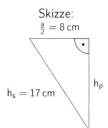

$h_s = 17\,\text{cm}$ h_p

Bei der Pyramide handelt es sich um eine Pyramide mit quadratischer Grundfläche mit Seitenlänge a. Es wird nun das Volumen der Pyramide ermittelt (Maße in cm):

$$V_p = \frac{1}{3} \cdot A_G \cdot h_p = \frac{1}{3} \cdot 16 \cdot 16 \cdot 15 = \underline{1\,280}$$

Außerdem wird das Volumen des vollen Würfels mit Kantenlänge b bestimmt (Maße in cm):

$$V_w = b^3 = 20 \cdot 20 \cdot 20 = \underline{8\,000}$$

Aus der Differenz ergibt sich nun das Volumen des Transportschutzes (Maße in cm):

$$V_{ges} = V_w - V_p = 8\,000 - 1\,280 = 6\,720$$

Der Transportschutz hat ein Volumen von $\underline{6\,720\,\text{cm}^3}$.

1. Löse folgende Gleichung.

$$\frac{3}{4} \cdot (12x - 32) + \frac{20 - 4x}{8} = 9 - (4x - 7)$$ (4 Pkt.)

2. Berechne den Inhalt der grauen Fläche.

   Hinweis: Skizze nicht maßstabsgetreu

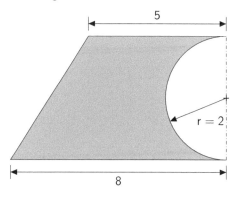

Maße in cm

(4 Pkt.)

3. Ein Schnellrestaurant bietet folgende Speisen und Getränke an:

Burger		Beilagen		Getränke (0,2 ℓ)	
Hamburger	2,90 €	Pommes	1,50 €	Cola	1,50 €
Gemüseburger	3,50 €	Salat	2,10 €	Saft	1,50 €
Schnitzelburger	3,90 €	Kartoffelecken	1,70 €	Wasser	1,00 €

   a) Ina hat einen Rabattgutschein über 15 %.
      Berechne, wie viel Euro sie bei einem Schnitzelburger mit Salat spart.

   b) Das Mittagsangebot für 5,40 € besteht aus einem Burger, einer Beilage und einem Getränk nach Wahl.
      Tom wählt einen Gemüseburger mit Pommes und Cola.
      Ermittle, wie viel Prozent er mit dem Angebot gegenüber dem regulären Preis spart.

   c) An einem Tag wurden 105 Hamburger verkauft. Das waren 35 % aller insgesamt verkauften Burger.
      Berechne, wie viele Burger an diesem Tag verkauft werden.

(4 Pkt.)

Fortsetzung nächste Seite

2018

Fortsetzung Aufgabengruppe III

4. Ein Rollgerüst kostet 20 € Mietgebühr pro Tag. Hinzu kom-
    men einmalig 25 €, die bei Abschluss des Mietvertrags zu
    zahlen sind.

a) Bestimme die fehlenden Werte.

Mietdauer in Tagen	1	5	
Gesamtpreis in €			205

b) Stelle den Zusammenhang in einem Koordinatensystem graphisch dar:
    Rechtswertachse: $1\,\text{cm} \mathrel{\widehat{=}} 1\,\text{Tag}$
    Hochwertachse: $1\,\text{cm} \mathrel{\widehat{=}} 20\,€$
    Hinweis zum Platzbedarf: Rechtswertachse 14 cm, Hochwertachse 15 cm

c) Kauft man ein solches Rollgerüst, bezahlt man insgesamt 279 €.
    Ermittle, ab wie vielen Tagen Mietdauer (einschließlich der Abschlussgebühr) es günstiger ist,
    sich ein Gerüst zu kaufen, statt es zu mieten.
    Stelle deinen Lösungsweg nachvollziehbar dar.

                                                                    (4 Pkt.)

1. Die Gleichung wird zunächst ausmultipliziert, dann umgeformt und aufgelöst.

$$\frac{3}{4} \cdot (12x - 32) + \frac{20 - 4x}{8} = 9 - (4x - 7) \qquad \text{(Ausmultiplizieren)}$$

$$\Longleftrightarrow \qquad 9x - 24 + \frac{20}{8} - \frac{4x}{8} = 9 - 4x + 7$$

$$\Longleftrightarrow \qquad 9x - 24 + 2{,}5 - 0{,}5x = 16 - 4x \qquad |+4x$$

$$\Longleftrightarrow \qquad 8{,}5x - 21{,}5 + 4x = 16 \qquad |+21{,}5$$

$$\Longleftrightarrow \qquad 12{,}5x = 37{,}5 \qquad |:12{,}5$$

$$\Longleftrightarrow \qquad \underline{x = 3}$$

2. Der Inhalt der grauen Fläche soll ermittelt werden:

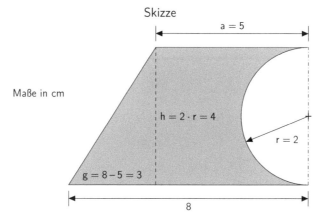

Skizze

Wie in der Skizze erkenntlich, setzt sich die graue Fläche zusammen aus dem linken Dreieck A_D und dem rechts liegenden Rechteck A_R, abzüglich des weißen Halbkreises A_H.
Zunächst wird der Flächeninhalt des **Dreiecks** bestimmt (Maße in cm):

$$A_D = \frac{1}{2} \cdot g \cdot h = \frac{1}{2} \cdot 3 \cdot 4 = \underline{6}$$

Der Inhalt des **Rechtecks** ergibt sich wie folgt (Maße in cm):

$$A_R = a \cdot h = 5 \cdot 4 = \underline{20}$$

Schließlich wird die Fläche der **Halbkreises** bestimmt (Maße in cm):

$$A_H = \frac{1}{2} \cdot \pi \cdot r^2 = \frac{1}{2} \cdot 3{,}14 \cdot 2 \cdot 2 = \underline{6{,}28}$$

Daraus kann der Inhalt der **grauen Fläche** bestimmt werden:

$$A = A_D + A_R - A_H = 6\,\text{cm}^2 + 20\,\text{cm}^2 - 6{,}28\,\text{cm}^2 = \underline{19{,}72\,\text{cm}^2}$$

3. a) Der reguläre Preis für Schnitzelburger mit Salat ist $3{,}90\,€ + 2{,}10\,€ = 6\,€$. Die Ersparnis kann nun mit dem Dreisatz oder der Formel für die Prozentrechnung ermittelt werden:

   Gegeben: Grundwert (G) = 6€; Prozentsatz (p) = 15
   Gesucht: Prozentwert (P)

Lösungen B III

Lösung mit Dreisatz:

Prozent | Euro

$100\% \triangleq 6$ $| : 100$

$1\% \triangleq 0,06$ $| \cdot 15$

$15\% \triangleq 0,90$

Die Ersparnis beträgt 0,90 €.

Lösung durch Formel:

$$P = \frac{G \cdot p}{100}$$
$$= \frac{6 \cdot 15}{100} = 0,90\,€$$

b) Der reguläre Preis für Gemüseburger, Pommes und Cola wären $3,50\,€ + 1,50\,€ + 1,50\,€ = 6,50\,€$. Die Ersparnis durch das Mittagsangebot beläuft sich also auf $6,50\,€ - 5,40\,€ = 1,10\,€$.

Gegeben: Grundwert (G) = 6,50 €; Prozentwert (P) = 1,10 €
Gesucht: Prozentsatz (p)

Lösung mit Dreisatz:

Prozent | Euro

$100\% \triangleq 6,50$ $| : 100$

$1\% \triangleq 0,065$

$x\% \triangleq 1,10$ $| : 0,065$

$x = 16,92\% \approx 17\%$

Die Ersparnis beläuft sich auf etwa 17 %.

Lösung durch Formel:

$$p = \frac{P \cdot 100}{G}$$
$$= \frac{1,10 \cdot 100}{6,50} = 16,92\% \approx 17\%$$

c) Wieder können Dreisatz und Formel verwendet werden:

Gegeben: Prozentwert (P) = 105 Burger; Prozentsatz (p) = 35 %
Gesucht: Grundwert (G)

Lösung mit Dreisatz:

Prozent | Burger

$35\% \triangleq 105$ $| : 35$

$1\% \triangleq 3$ $| \cdot 100$

$100\% \triangleq 300$

Es wurden an diesem Tag insgesamt 300 Burger verkauft.

Lösung durch Formel:

$$G = \frac{P \cdot 100}{p}$$
$$= \frac{105 \cdot 100}{35} = 300\,\text{Burger}$$

4. a) **Erste Lücke:**
    Am ersten Tag wird einmalig eine Gebühr von 25 € fällig, sowie die Mietgebühr von 20 €. Also ist der Gesamtpreis für den ersten Tag:
    $25\,€ + 20\,€ = 45\,€$

    Zweite Lücke:
    Der Gesamtpreis nach 5 Tagen setzt sich zusammen aus der einmaligen Gebühr von 25 € und dem fünfmalig erhobenem Mietpreis $5 \cdot 20\,€$. Der Gesamtbetrag für fünf Tage ist also:
    $25\,€ + 5 \cdot 20\,€ = 125\,€$

Dritte Lücke:

Gegeben ist nun der Gesamtpreis von 205 €. Abzüglich der einmaligen 25 € bleibt eine Mietgebühr von 205 € − 25 € = 180 € für die Anzahl der Tage. Also gilt für die Anzahl der Tage: 180 € : 20 € = <u>9</u>

Vollständig ausgefüllt:

Mietdauer in Tagen	1	5	9
Gesamtpreis in €	45	125	205

b) An der x-Achse (Rechtswertachse) wird die Zeit in Tagen angegeben, an der y-Achse (Hochwertsachse) werden die Gebühren angezeigt.

Eine mögliche Art der Darstellung ist gegeben, indem zwei Wertepaare als Punkte eingezeichnet werden und durch diese eine Gerade gezogen wird, welche die Kosten je nach Zeit darstellt: (**Hinweis:** Die Darstellung ist nicht maßstabsgetreu, da die Zeichnung für den Buchdruck skaliert wurde.)

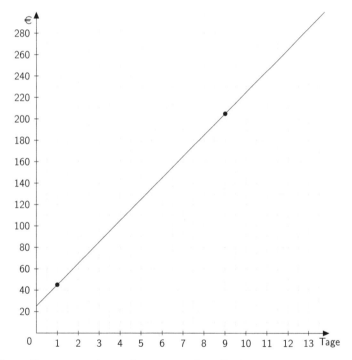

Alternative Darstellungen, wie beispielsweise einzelnen Punkte, sind auch möglich.

c) Es wird ermittelt, welcher Mietdauer ein solcher Preis entspräche. Dazu wird zunächst die einmalige Gebühr von 25 € abgezogen, sodass sich ein reiner Mietpreis von 279 €−25 € = 254 € für die Anzahl der Tage ergibt. Dies entspricht einer Mietdauer von 254 € : 20 € = 12,7 Tagen. Da nur für eine ganze Anzahl von Tagen gemietet werden kann muss aufgerundet werden. Demnach ist es ab <u>13</u> Tagen Mietdauer günstiger, sich ein Gerüst zu kaufen.

Alternativen, wie beispielsweise das Ablesen aus dem in Teilaufgabe b) erstellten Diagramm, sind ebenfalls möglich.

1.   a) Florian erhält bei seiner Ferienarbeit für 8 Stunden 72 €. In einer Woche arbeitet der 36 Stunden. Berechne, wie viel Geld er in einer Woche verdient.

   b) Fünf Jugendliche teilen regelmäßig Werbeprospekte aus. Dabei muss jeder 220 Stück austeilen. Einer der Jugendlichen fällt aus. Bestimme, wie viele Prospekte nun jeder der vier übrigen Jugendlichen austeilen muss.

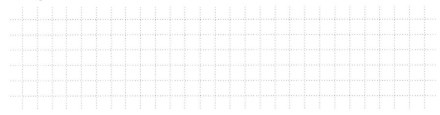

(2 Pkt.)

2.   Kreuze jeweils die richtige Aussage an.

   a) Die Entfernung von der Erde zur Sonne beträgt $1{,}496 \cdot 10^8$ km.

   Das sind

   ☐   1 496 000 000 000 km.
   ☐   149 600 000 000 km.
   ☐   149 600 000 km.
   ☐   149 600 km.

   b) Die Länge eines Bakteriums beträgt 0,000006 m.

   Das sind

   ☐ $6 \cdot 10^{-3}$ m.
   ☐ $6 \cdot 10^{-5}$ m.
   ☐ $6 \cdot 10^{-6}$ m.
   ☐ $6 \cdot 10^{-7}$ m.

(1 Pkt.)

Fortsetzung nächste Seite

3. Eine Schaufensterscheibe (siehe Skizze) wird außen geputzt.
    Die Reinigungsfirma berechnet für einen Quadratmeter 3 €.

    Gib an, wie teuer die Reinigung der Scheibe ungefähr ist. Löse nachvollziehbar.

    Rechne ggf. mit $\pi = 3$.

(1,5 Pkt.)

4. In diesem magischen Quadrat soll die Summe der drei Zahlen in jeder Spalte, Zeile und Diagonalen
    immer gleich sein. Ergänze die fehlenden Zahlen.

0,9		
0,4	0,6	0,8
		0,3

(1 Pkt.)

5. Ergänze die beiden folgenden Zeilen der Gleichung.

$$\underline{\hspace{6cm}} \quad | -7x$$
$$3x + 5 = 32 \quad | -5$$
$$\underline{\hspace{4cm}} \quad | : 3$$
$$x = 9$$

(1 Pkt.)

Fortsetzung nächste Seite

6. Burak, Aileen und Thomas werfen auf den Basketballkorb.
Sie führen eine Strichliste und ermitteln die Trefferquoten in Prozent.
Ergänze die fehlenden Einträge.

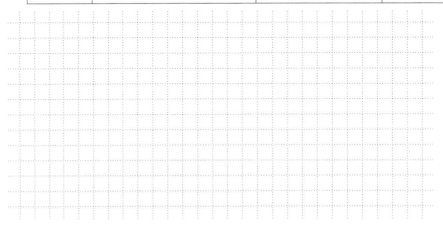

	Anzahl der Würfe	Anzahl der Treffer	Trefferquote
Burak	⅃⅃⅃ ⅃⅃⅃ ⅃⅃⅃ ⅃⅃⅃ ⅃⅃⅃	⅃⅃⅃ ⅃⅃⅃ ⅃⅃⅃	
Aileen		⅃⅃⅃	25 %
Thomas	⅃⅃⅃ ⅃⅃⅃ ⅃⅃⅃ I		75 %

(1,5 Pkt.)

7. Entscheide ob die Aussagen richtig oder falsch sind.

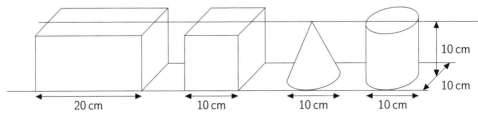

20 cm   10 cm   10 cm   10 cm

10 cm
10 cm

Kreuze entsprechend an: richtig   falsch

a)   Das Volumen des Zylinders ist dreimal so groß wie   ☐   ☐
     das Volumen des Kegels.

b)   Der Oberflächeninhalt des linken Quaders ist   ☐   ☐
     doppelt so groß wie der des Würfels.

c)   Der linke Quader hat ein Volumen von 3000 cm³.   ☐   ☐

d)   Der Oberflächeninhalt des Zylinders ist größer als   ☐   ☐
     der des Würfels.

(2 Pkt.)

Fortsetzung nächste Seite

8. Die abgebildete Gartenschlauchrolle hat einen Durchmesser von 40 cm.
Martina hat einen 12 m langen Schlauch ordentlich nebeneinander aufgerollt.
Wie oft musste sie die Rolle drehen, um den ganzen Schlauch aufzurollen?

Rechne mit $\pi = 3$.

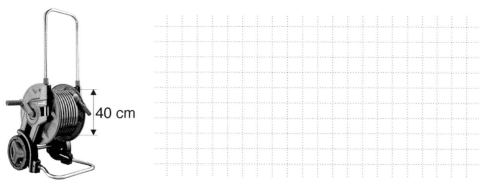
40 cm

Hinweis: Die Abbildung dient nur der Veranschaulichung

Grafik nach: https://images-na.ssl-images-amazon.com/images/I/61DDx9Q5zSL._SY606_.jpg

(1 Pkt.)

9. In einer Schule wurde ein Sporttag geplant. Die 200 Schülerinnen und Schüler konnten sich für unterschiedliche Aktivitäten anmelden.

Sportart	Schwimmen	Klettern	Fußball	Volleyball	Badminton
Anmeldungen	35	50	50	20	45

Kreuze an, welches Diagramm den Sachverhalt am genauesten darstellt:

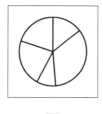         

☐   ☐   ☐   ☐

(1 Pkt.)

Fortsetzung nächste Seite

10. Bestimmen den Flächeninhalt des grau gefärbten Pfeils in cm².

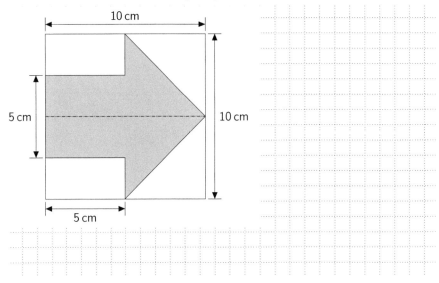

(1 Pkt.)

11. Rechne in die jeweils angegebenen Einheiten um.

a) $12,34\,t =$ _____ kg

b) $1735\,mm =$ _____ m

c) $7,5\,m^3 =$ _____ Liter

d) $100\,Stunden =$ _____ Tage _____ Stunden

(2 Pkt.)

Fortsetzung nächste Seite

12. Furkan berechnet den Flächeninhalt des abgebildeten Dreiecks.
Bei den Überlegungen zur Lösung ist ihm ein Fehler unterlaufen.

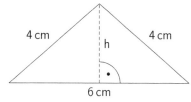

4 cm   h   4 cm

6 cm

Furkans Lösung:

$$(4\,\text{cm})^2 + (3\,\text{cm})^2 = h^2$$
$$16\,\text{cm}^2 + 9\,\text{cm}^2 = h^2$$
$$25\,\text{cm}^2 = h^2$$
$$5\,\text{cm} = h$$

$$A = \frac{5\,\text{cm} \cdot 6\,\text{cm}}{2} = 15\,\text{cm}^2$$

Erkläre, welchen Fehler Furkan gemacht hat.

(1 Pkt.)

1. a) Laut Angabe entspricht Florians Arbeitswoche 36 Stunden.

$$\textbf{Stunden} \mid \textbf{Euro}$$

$$8\,h \triangleq 72\,€ \quad \mid : 8$$

$$1\,h \triangleq 9\,€ \quad \mid \cdot 36$$

$$\underline{36\,h \triangleq 324\,€}$$

Florian verdient in der Woche $\underline{324\,€}$.

b) Es verteilen fünf Jugendliche je 220 Prospekte, was $5 \cdot 220 = 1100$ Prospekte insgesamt sind. Da die Jugendlichen nun zu viert sind, muss nun jeder $1100 : 4 = \underline{275}$ Prospekte austeilen.

2. a) Die Zahl 10^8 entspricht einer eins mit 8 nullen. Entsprechend gilt:

$$1{,}496 \cdot 10^8 \,km = 1{,}496 \cdot 100\,000\,000\,km = \underline{149\,600\,000\,km}$$

b) Hier kann als Eselsbrücke die Position der Zahl 0,000006 nach dem Komma betrachtet werden. Die 6 ist die sechste Nachkommastelle, weshalb entsprechend $0{,}000006\,m = \underline{6 \cdot 10^{-6}\,m}$ gilt.

3. Um die Fläche der Scheibe zu bestimmen, muss zunächst abgeschätzt werden, wie groß die Schaufensterscheibe insgesamt ist. Die Person ist schätzungsweise 1,80 m groß. Die Höhe zweier Fenster wird demnach auf 2 m geschätzt. Die Fenster sind quadratisch, sodass die Kantenlänge eines Fensters 1 m ist. Insgesamt gibt es sechs solcher Quadrate und oberhalb den Halbkreis. Für die gesamte Fläche gilt dann:

$$A = 6 \cdot A_{\text{Quadrat}} + A_{\text{Halbkreis}} = 6 \cdot ((1 \cdot 1)\,m^2) + (\pi \cdot 1^2 : 2)\,m^2 \approx 6\,m^2 + 1{,}5\,m^2 = 7{,}5\,m^2$$

Aus der Fläche ergeben sich die Gesamtkosten:

$$7{,}5 \cdot 3\,€ = \underline{22{,}5\,€}$$

4. Die Summe der Zahlen soll in der Spalte, **Zeile** und **Diagonale** immer gleich sein. Da die Diagonale und zweite Zeile bereits vorgegeben sind, ist die Summe $0{,}4 + 0{,}6 + 0{,}8 = 1{,}8$. Aus der bekannten Summe kann dann die fehlende Zahl in der ersten und dritten Spalte bestimmt werden. Sind diese bestimmt kann jeweils die noch fehlende Zahl in der ersten und dritten Zeile ergänzt werden. Die Lösungen sind **fett** abgedruckt. Damit ergibt sich die komplette Lösung:

0,9	**0,2**	**0,7**
0,4	0,6	0,8
0,5	**1**	0,3

5. Die erste Zeile ergibt sich aus der zweiten, indem man die Umformung $\mid - 7x$ zurückrechnet, also in der zweiten Zeile beide Seiten $+7x$ rechnet. Dann folgt:

$$1.\ \text{Zeile:} \quad 10x + 5 = 32 + 7x$$

Die dritte Zeile ergibt sich aus der zweiten durch Anwenden der Umformung $\mid - 5$:

$$3.\ \text{Zeile:} \quad 3x = 27$$

6. Zeilenweise kann jeweils die fehlende Größe mit Formel für den Prozentsatz oder mit Dreisatz bestimmt werden.

<u>1. Zeile: Burak</u>
Gegeben: Grundwert (G) = 25 Würfe; Prozentwert (P) = 15 Würfe
Gesucht: Prozentsatz (p)

Lösung mit Dreisatz: **Lösung durch Formel:**

       Prozent | Würfe

$$100\,\% \triangleq 25 \qquad |:25$$
$$4\,\% \triangleq 1 \qquad |\cdot 15$$
$$60\,\% \triangleq 15$$

$$p = \frac{P \cdot 100}{G}$$
$$= \frac{15 \cdot 100}{25} = 60\,\%$$

<u>2. Zeile: Aileen</u>
Gegeben: Prozentwert (P) = 5 Würfe; Prozentsatz (p) = 25 %
Gesucht: Grundwert (G)

Lösung mit Dreisatz: **Lösung durch Formel:**

       Prozent | Würfe

$$25\,\% \triangleq 5 \qquad |\cdot 4$$
$$100\,\% \triangleq 20$$

$$G = \frac{P \cdot 100}{p}$$
$$= \frac{5 \cdot 100}{25} = 20$$

<u>3. Zeile: Thomas</u>
Gegeben: Grundwert (G) = 16 Würfe; Prozentsatz (p) = 75 %
Gesucht: Prozentwert (P)

Lösung mit Dreisatz: **Lösung durch Formel:**

       Prozent | Würfe

$$100\,\% \triangleq 16 \qquad |:4$$
$$25\,\% \triangleq 4 \qquad |\cdot 3$$
$$75\,\% \triangleq 12$$

$$P = \frac{G \cdot p}{100}$$
$$= \frac{16 \cdot 75}{100} = 12$$

Die vollständig ausgefüllte Tabelle ist:

	Anzahl der Würfe	Anzahl der Treffer	Trefferquote
Burak	ЖЖ ЖЖ ЖЖ ЖЖ ЖЖ	ЖЖ ЖЖ ЖЖ	**60 %**
Aileen	**20**	ЖЖ	25 %
Thomas	ЖЖ ЖЖ ЖЖ I	**12**	75 %

7.   Die Aussage werden auf ihre Korrektheit untersucht.

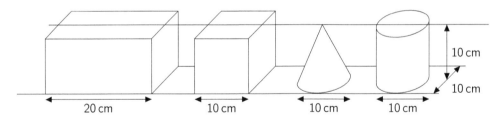

a) Grundfläche A_G und Höhe h von Kegel und Zylinder sind gleich. Für die Formeln des Volumens beider Körper gilt jeweils:

$$V_{Zylinder} = A_G \cdot h \qquad V_{Kegel} = \frac{1}{3} \cdot A_G \cdot h$$

Da sich beide Volumina nur um den Faktor $\frac{1}{3}$ unterscheiden, ist das Volumen des Zylinders also dreimal so groß wie das Volumen des Kegels. Die Aussage ist **richtig**.

b) Eine der Seiten ist beim Quader doppelt so lang wie beim Würfel. Damit sind zwar Ober- und Unterseite, sowie Vorder- und Rückseite beim Quader doppelt so groß, die linke und rechte Seite ist jedoch bei Würfel und Quader gleich groß. Demnach ist der Oberflächeninhalt des Quaders nicht doppelt so groß wie der des Würfels, die Aussage ist **falsch**.

c) Das Volumen des Quaders ist $V = 10\,\text{cm} \cdot 10\,\text{cm} \cdot 20\,\text{cm} = 2000\,\text{cm}^3$. Die Aussage ist **falsch**.

d) Sowohl Grund- und Deckfläche, als auch die Mantelfläche sind beim Zylinder aufgrund der Rundung kleiner als beim Würfel, weshalb auch der gesamte Oberflächeninhalt des Zylinders kleiner ist. Die Aussage ist somit **falsch**.

8.   Aus dem Durchmesser von $40\,\text{cm} = 0{,}4\,\text{m}$ ergibt sich die Länge einer Windung:

$$\pi \cdot 0{,}4\,\text{m} \approx 3 \cdot 0{,}4\,\text{m} = 1{,}2\,\text{m}$$

Die gesamte Schlauchlänge von $12\,\text{m}$ entspricht demnach $12 : 1{,}2 = \underline{10\ \text{Windungen}}$.

9.   Diagramm 2 kann ausgeschlossen werden, da hier alle Sektoren gleich groß sind. Bei Diagramm 3 nimmt ein Sektor die Hälfte des Diagramms ein, was auch nicht der Realität entspricht. Zwei Sportarten zusammen, nämlich Fußball und Klettern, nehmen mit 100 Anmeldungen exakt die Hälfte der gesamten Anmeldungen ein. Dies ist nur in **Diagramm 4** gegeben, weshalb es sich dabei um das richtige Diagramm handeln muss.

10. Entsprechend der Skizze setzt sich der grau gefärbte Pfeil aus einem Quadrat und einem Dreieck zusammen. Demnach gilt für den Flächeninhalt:

Skizze:

$$\begin{aligned} A &= A_{Quadrat} + A_{Dreieck} \\ &= 5\,\text{cm} \cdot 5\,\text{cm} \cdot \frac{1}{2} \cdot 10\,\text{cm} \cdot 5\,\text{cm} \\ &= \underline{50\ \text{cm}^2} \end{aligned}$$

11. Es wird jeweils die allgemeine Umrechnung und dann die konkrete Lösung angegeben.

   a) Es ist $1\,t = 1000\,kg$ und damit $12{,}34\,t = 12{,}34 \cdot 1000\,kg = \underline{12340\,kg}$.

   b) Es ist $1000\,mm = 1\,m$ und damit $1735\,mm = 1735 : 1000\,m = \underline{1{,}735\,m}$.

   c) Es ist $1\,m^3 = 1000\,\ell$ und damit $7{,}5\,m^3 = 7{,}5 \cdot 1000\,\ell = 7500\,\ell$.

   d) Ein Tag hat 24 Stunden. Vier Tage passen mit $4 \cdot 24 = 96$ Stunden noch in die vorgegeben 100 Stunden hinein, fünf Tage mit $5 \cdot 24 = 120$ Stunden nicht mehr. Demnach ist die Lösung: 100 Stunden $= \underline{4\ Tage}$ und $100 - 96 = \underline{4\ Stunden}$

12. Furkan verwendet für die Berechnung der Höhe den Satz des Pythagoras $a^2 + b^2 = c^2$ und nimmt dabei eines der beiden rechtwinkligen kleineren Dreiecke. Dabei muss aber für c die längste Seite des rechtwinkligen Dreiecks (Hypotenuse) eingesetzt werden (was in beiden Fällen 4 cm wären) und für a und b die Katheten, die dann einmal 3 cm bzw. h wären. Da bei Furkan in der Rechnung h^2 allein auf einer Seite steht, wurde h fälschlicherweise als Hypotenuse eingesetzt, obwohl es nicht die längste Seite im Dreieck ist.

1. Löse folgende Gleichung.

$$\frac{6 \cdot (2x + 3)}{3} - 2{,}5 \cdot (3x + 4) = \frac{5x}{2} - x - 14$$

(4 Pkt.)

2. An einer Stufe wird eine Rampe angebracht (siehe Skizze).
   Die beiden schraffierten Flächen der Rampe sollen mit Leuchtfarbe besprüht werden.

   Wie viele Dosen Leuchtfarbe müssen eingekauft werden, wenn eine Dosen für $1{,}2\,\text{m}^2$ reicht?

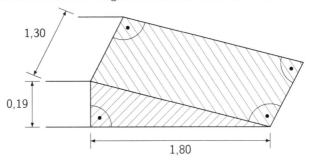

Maße in m

Hinweis: Skizze nicht maßstabsgetreu

(4 Pkt.)

3. a) Zeichne die Strecke [AC] mit einer Länge von 8,5 cm und darüber einen Halbkreis.

    b) Berechne den Flächeninhalt des Halbkreises.

    c) Die schon gezeichnete Strecke [AC] ist eine Diagonale des Drachenvierecks ABCD. Die Seiten
       des Drachenvierecks sind 4 cm und 7,5 cm lang.
       Zeichne dieses Drachenviereck ABCD.

    d) Die Winkel β und δ sind jeweils 90° groß.
       Berechnen den Flächeninhalt des Drachenvierecks ABCD.

(4 Pkt.)

Fortsetzung nächste Seite

4. Im Schaubild ist die Stromerzeugung durch erneuerbare Energien in Deutschland in Terawattstunden (TWh) dargestellt.

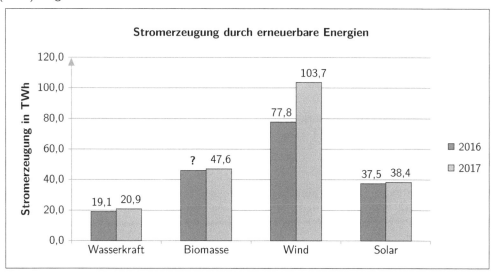

a) Berechne den prozentualen Anstieg der Stromerzeugung durch Wind von 2016 auf 2017.

b) Im Jahr 2017 wurden 1,3 % mehr Strom durch Biomasse erzeugt als im Jahr 2016. Ermittle rechnerisch, wie viel Strom (in TWh) im Jahr 2016 durch Biomasse produziert wurde.

c) Im Jahr 2017 wurden durch Wind und Solar 25,9 % des gesamten Stroms erzeugt. Bestimme, wie viel Strom 2017 (in TWh) insgesamt erzeugt wurde.

(4 Pkt.)

1. Die Gleichung wird ausmultipliziert, zusammengefasst und schließlich umgeformt:

$$\frac{6 \cdot (2x+3)}{3} - 2{,}5 \cdot (3x+4) = \frac{5x}{2} - x - 14 \qquad \text{(Ausmultiplizieren)}$$

$$\Longleftrightarrow \qquad \frac{12x+18}{3} - 7{,}5x - 10 = \frac{5x}{2} - x - 14 \qquad \text{(Brüche auflösen)}$$

$$\Longleftrightarrow \qquad 4x + 6 - 7{,}5x - 10 = 1{,}5x - 14 \qquad \text{(zusammen fassen)}$$

$$\Longleftrightarrow \qquad -3{,}5x - 4 = 1{,}5x - 14 \qquad |+3{,}5x$$

$$\Longleftrightarrow \qquad -4 = 5x - 14 \qquad |+14$$

$$\Longleftrightarrow \qquad 10 = 5x \qquad |:5$$

$$\Longleftrightarrow \qquad \underline{x = 2}$$

2. Im schraffierten Dreieck wird mithilfe des Satz des Pythagoras die dritte Seitenlänge ℓ berechnet, die gleichzeitig eine Seite des Rechtecks ist (Maße in m):

Skizze

$$\ell^2 = 1{,}80^2 + 0{,}19^2 \qquad |\sqrt{}$$

$$\Longleftrightarrow \qquad \ell = \sqrt{1{,}80^2 + 0{,}19^2}$$

$$\Longleftrightarrow \qquad \ell = 1{,}81$$

Damit kann die gesamte Fläche berechnet werden:

$$A = A_{\text{Dreieck}} + A_{\text{Rechteck}}$$

$$= \frac{1}{2} \cdot 1{,}80\,\text{m} \cdot 0{,}19\,\text{m} + 1{,}81\,\text{m} \cdot 1{,}30\,\text{m}$$

$$= 0{,}171\,\text{m}^2 + 2{,}353\,\text{m}^2 = 2{,}524\,\text{m}^2 \approx 2{,}52\,\text{m}^2$$

Eine Dose reicht für $1{,}2\,\text{m}^2$. Zum Besprühen dieser Fläche werden $2{,}52 : 1{,}2 = 2{,}1$ Dosen benötigt. Da nur eine ganze Anzahl an Dosen gekauft werden kann, müssen demnach $\underline{3}$ Dosen gekauft werden.

3. a) Zunächst wird die Strecke [AC] gezeichnet. Um darüber einen Halbkreis zu zeichnen, wird mit dem Zirkel in die Mitte der Strecke eingestochen und die Hälfte der Länge, also $8{,}5\,\text{cm} : 2 = 4{,}25\,\text{cm}$ in die Zirkelspanne genommen (Zeichnung siehe nächste Seite).

    b) Wie in Teilaufgabe a) bereits erwähnt, liegt der Radius des Halbkreises bei $4{,}25\,\text{cm}$. Daraus ergibt sich der Flächeninhalt:

    $$A_{\text{Halbkreis}} = \frac{1}{2} \cdot A_{\text{Kreis}} = \frac{1}{2} \cdot \pi \cdot r^2 = \frac{1}{2} \cdot 3{,}14 \cdot (4{,}25\,\text{cm})^2 \approx \underline{28{,}36\,\text{cm}^2}$$

    c) Ausgehend vom Punkt A wird ein Kreis mit Radius $4\,\text{cm}$ und ausgehend von Punkt C ein Kreis mit Radius $7{,}5\,\text{cm}$ gezeichnet. Die Schnittpunkte sind die Punkte B und D (Zeichnung siehe nächste Seite). Alternativ ist es ebenso möglich, den Kreis mit Radius $4\,\text{cm}$ um Punkt C und den mit Radius $7{,}5\,\text{cm}$ um Punkt A zu zeichnen.

    d) Da die Winkel β und δ genau $90°$ groß sind, ergibt sich der Flächeninhalt aus den Längen der Seiten [AD] und [CD]:

    $$A = 4\,\text{cm} \cdot 7{,}5\,\text{cm} = \underline{30\,\text{cm}^2}$$

Zeichnung:
(**Hinweis:** Die Darstellung ist nicht maßstabsgetreu, da die Zeichnung für den Buchdruck skaliert wurde.)

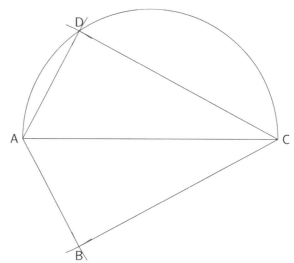

4.

a) Die Stromerzeugung durch Wind lag 2016 bei 77,8 TWh und 2017 bei 103,7 TWh.
Gegeben: Grundwert (G) = 77,8 TWh; Prozentwert (P) = 103,7 TWh
Gesucht: Prozentsatz (p)

Lösung mit Dreisatz:

Prozent | TWh

$100\,\% \mathrel{\hat=} 77,8\,\text{TWh}$ $\quad | : 77,8$

$\dfrac{100}{77,8}\,\% \mathrel{\hat=} 1\,\text{TWh}$ $\quad | \cdot 103,7$

$133,3\,\% \mathrel{\hat=} 103,7\,\text{TWh}$

Der Anstieg beträgt demnach $133,3\,\% - 100\,\% = \underline{\underline{33,3\,\%}}$.

Lösung durch Formel:

$$p = \frac{P \cdot 100}{G}$$

$$= \frac{103,7 \cdot 100}{77,8} \approx 133,3\,\%$$

b) Im Jahr 2017 wurden 47,6 TWh Strom durch Biomasse erzeugt, was $100\,\% + 1,3\,\% = 101,3\,\%$ des Wertes des Vorjahres entspricht.
Gegeben: Prozentwert (P) = 47,6 TWh; Prozentsatz (p) = 101,3 %
Gesucht: Grundwert (G)

Lösung mit Dreisatz:

Prozent | TWh

$101,3\,\% \mathrel{\hat=} 47,6\,\text{TWh}$ $\quad | : 101,3$

$1\,\% \mathrel{\hat=} \dfrac{47,6}{101,3}\,\text{TWh}$ $\quad | \cdot 100$

$100\,\% \mathrel{\hat=} \underline{\underline{47,0\,\text{TWh}}}$

Lösung durch Formel:

$$G = \frac{P \cdot 100}{p}$$

$$= \frac{47,6 \cdot 100}{101,3} \approx \underline{\underline{47,0\,\text{TWh}}}$$

c) Im Jahr 2017 wurden durch Wind und Solar $(103,7 + 38,4)\,\text{TWh} = 142,1\,\text{TWh}$ an Strom erzeugt. Dies entspricht 25,9 % des gesamten erzeugten Stroms von 2017.

2019

Gegeben: Prozentwert (P) = 142,1 TWh; Prozentsatz (p) = 25,9 %
Gesucht: Grundwert (G)

Lösung mit Dreisatz:

Prozent | TWh

$$25,9\,\% \;\widehat{=}\; 142,1\,\text{TWh} \qquad |:25,9$$

$$1\,\% \;\widehat{=}\; \frac{142,1}{25,9}\,\text{TWh} \qquad |\cdot 100$$

$$100\,\% \;\widehat{=}\; \underline{548,6\,\text{TWh}}$$

Lösung durch Formel:

$$G = \frac{P \cdot 100}{p}$$

$$= \frac{142,1 \cdot 100}{25,9} = \underline{548,6\,\text{TWh}}$$

1. Sabine und Klaus machten mit ihren zwei Kindern Campingurlaub und bezahlten bei Abreise 844 € für folgende Leistungen:

   • Der Stellplatz für ihr Wohnmobil kostete 30,50 € pro Tag.

   • Außerdem wurden täglich pro Person 9,50 € verlangt.

   • Während ihres Urlaubs nutzte die Familie viermal die Waschmaschine für 5,50 € pro Waschgang.

   Ermittle, wie viele Tage die Familie auf dem Campingplatz verbrachte.   (4 Pkt.)

2. Ein Werkstück besteht aus einem regelmäßigen sechseckigen Prisma und einer aufgesetzten Pyramide (siehe Abbildung).

   Berechne das Volumen des Werkstücks.

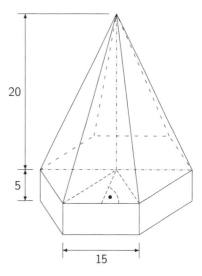

   Maße in cm

   Hinweis: Skizze nicht maßstabsgetreu   (4 Pkt.)

3. Die Handballjugend eines Vereins fährt mit 40 Personen in ihr jährliches Trainingslager.
   In diesem Jahr kostet der Bus 714 € einschließlich der Mehrwertsteuer (19 %).

   a) Berechne die in den diesjährigen Buskosten enthaltene Mehrwertsteuer in €.

   b) Im Vorjahr betrugen die Buskosten einschließlich Mehrwertsteuer 16,30 € pro Person.
      Ermittle die Preissteigerung gegenüber dem Vorjahr in Prozent.

   c) Das Busunternehmen gewährt in diesem Jahr 2,5 % Rabatt, wenn der Verein innerhalb einer Woche bezahlt.
      Bestimme, wie viel der Verein in diesem Fall überweisen muss.

          (4 Pkt.)

Fortsetzung nächste Seite

2019

4. Für Ferienwohnungen gibt es unterschiedliche Angebote:

Ferienwohnung A
Mietkosten pro Übernachtung: 60 € + Einmalige Gebühr: 50 €

Ferienwohnung B
Kosten pro Übernachtung: 67 €

a) Berechne die fehlenden Werte für das Angebot von Ferienwohnung A:

Anzahl Übernachtungen	3	5	?
Gesamtpreis in €	?	350	650

b) Stelle den Zusammenhang für die Ferienwohnung A in einem Koordinatensystem grafisch dar.

Rechtswertachse: $1\,\text{cm} \triangleq 1$ Übernachtung

Hochwertachse: $1\,\text{cm} \triangleq 100\,€$

Hinweis zum Platzbedarf: Rechtswertachse 12 cm, Hochwertachse 8 cm

c) Max möchte mit zwei Freunden fünf Übernachtungen in einer gemeinsamen Ferienwohnung buchen.

Berechne, wie viele Euro jeder beim insgesamt günstigeren Angebot sparen kann.

(4 Pkt.)

1. Legt man die Anzahl der Tage als Unbekannte x fest, ergeben sich aus den Angaben folgende Werte:

   - Stellplatz: 30,50 € pro Tag: 30,5x
   - täglich pro Person (Sabine+Klaus+2 Kinder) 9,50 €: $4 \cdot 9{,}5 \cdot x = 38x$
   - viermal Nutzen der Waschmaschine, jeweils 5,50 €: $4 \cdot 5{,}5 = 22$

   Die aufgelisteten Kosten müssen den Gesamtkosten von 844 € entsprechen, damit ergibt sich als Gleichung, die schließlich gelöst werden kann:

$$30{,}5x + 38x + 22 = 844 \qquad | - 22$$
$$\Longleftrightarrow \qquad 68{,}5x = 822 \qquad | : 68{,}5$$
$$\Longleftrightarrow \qquad x = 12$$

   Die Familie verbrachte demnach <u>12</u> Tage auf dem Campingplatz.

2. Das Werkstück setzt sich zusammen aus dem Prisma im unteren Teil und der Pyramide im oberen Teil. Für beide ist die Grundfläche das **regelmäßige Sechseck**, sodass zunächst dessen Flächeninhalt A_G berechnet wird. Für eines der Dreiecke, aus denen das Sechseck zusammengesetzt ist, gilt mit dem Satz des Pythagoras (in cm):

Skizze

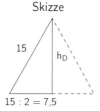

15 : 2 = 7,5

$$h_D^2 + 7{,}5^2 = 15^2 \qquad | - 7{,}5^2$$
$$\Longleftrightarrow \qquad h_D^2 = 15^2 - 7{,}5^2 \qquad | \sqrt{}$$
$$\Longleftrightarrow \qquad h_D = \sqrt{15^2 - 7{,}5^2}$$
$$\Longleftrightarrow \qquad h_D \approx 13$$

   Daraus kann die Fläche A_G des Sechsecks berechnet werden:

$$A_G = 6 \cdot A_{\text{Dreieck}} = 6 \cdot \frac{1}{2} \cdot 15\,\text{cm} \cdot 13\,\text{cm} = 585\,\text{cm}^2$$

   Die Höhe von Pyramide und Prisma ist bekannt. Es folgt für das Gesamtvolumen:

$$V = V_{\text{Pyramide}} + V_{\text{Prisma}} = \frac{1}{3} \cdot A_G \cdot h_{\text{Pyramide}} + A_G \cdot h_{\text{Prisma}}$$
$$= \frac{1}{3} \cdot 585\,\text{cm}^2 \cdot 20\,\text{cm} + 585\,\text{cm}^2 \cdot 5\,\text{cm}$$
$$= 3900\,\text{cm}^3 + 2925\,\text{cm}^3 = \underline{6825\,\text{cm}^3}$$

3. a) Hier wird zunächst der Grundwert berechnet, also der Wert, der 100 % entspricht. Aus der Differenz ergibt sich die enthaltene Mehrwertsteuer.
   Gegeben: Prozentwert (P) = 714 €; Prozentsatz (p) = 119 %
   Gesucht: Grundwert (G)

   Lösung mit Dreisatz:

   Prozent | €
   $119\,\% \,\triangleq\, 714\,€ \qquad | : 119$
   $1\,\% \,\triangleq\, 6\,€ \qquad | \cdot 100$
   $100\,\% \,\triangleq\, 600\,€$

   Lösung durch Formel:

$$G = \frac{P \cdot 100}{p}$$
$$= \frac{714 \cdot 100}{119} = 600\,€$$

   Die enthaltene Mehrwertsteuer liegt demnach bei 714 € − 600 € = <u>114 €</u>.

b) In diesem Jahr liegen die Kosten pro Person bei 714 € : 40 = 17,85 €. Somit gilt:
Gegeben: Grundwert (G) = 16,30 €; Prozentwert (P) = 17,85 €
Gesucht: Prozentsatz (p)

Lösung mit Dreisatz:

Prozent | €

$100\,\% \,\hat{=}\, 16{,}30\,€ \quad | : 16{,}3$

$\dfrac{100}{16{,}3}\,\% \,\hat{=}\, 1\,€ \quad | \cdot 17{,}85$

$109{,}51\,\% \,\hat{=}\, 17{,}85\,€$

Lösung durch Formel:

$$p = \frac{P \cdot 100}{G}$$

$$= \frac{17{,}85 \cdot 100}{16{,}3} = 109{,}51\,\%$$

Demnach liegt die Preissteigerung zum Vorjahr bei 109,51 % – 100 % = <u>9,51 %</u>.

c) Der Verein müsste dann nur noch 100 % – 2,5 % = 97,5 % bezahlen.
Gegeben: Grundwert (G) = 714 €; Prozentsatz (p) = 97,5 %
Gesucht: Prozentwert (P)

Lösung mit Dreisatz:

Prozent | €

$100\,\% \,\hat{=}\, 714\,€ \quad | : 100$

$1\,\% \,\hat{=}\, 7{,}14\,€ \quad | \cdot 97{,}5$

$97{,}5\,\% \,\hat{=}\, 696{,}15\,€$

Lösung durch Formel:

$$P = \frac{G \cdot p}{100}$$

$$= \frac{714 \cdot 97{,}5}{100} = 696{,}15\,€$$

Der Verein müsste in diesem Fall nur <u>696,15 €</u> überweisen.

4. a) Für den Gesamtpreis bei 3 Übernachtungen in der ersten Spalte gilt:

$$3 \cdot 60\,€ + 50\,€ = 230\,€$$

In der dritten Spalte kann aus dem Gesamtpreis die Anzahl x der Übernachtungen ermittelt werden (in €):

$$x \cdot 60 + 50 = 650 \qquad | - 50$$
$$\Longleftrightarrow \qquad x \cdot 60 = 600 \qquad | : 60$$
$$\Longleftrightarrow \qquad x = 10$$

Komplett ausgefüllte Tabelle:

Anzahl Übernachtungen	3	5	**10**
Gesamtpreis in €	**230**	350	650

b) Für die Darstellung kann eine Wertetabelle erstellt werden:

Anzahl Übernachtungen	1	2	3	4	5	6	7	8	9	10	11
Gesamtpreis in €	110	170	230	290	350	410	470	530	590	650	710

Mithilfe dieser Werte kann nun die Darstellung erfolgen:
(**Hinweis:** Die Darstellung ist nicht maßstabsgetreu, da die Zeichnung für den Buchdruck skaliert wurde.)

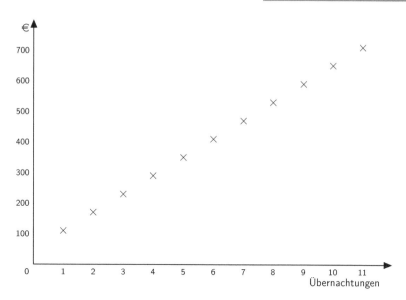

c) Für beide Ferienwohnungen werden die Gesamtkosten K für fünf Übernachtungen berechnet:

$$\text{Ferienwohnung A:}\quad K_A = 5 \cdot 60\,€ + 50\,€ = 350\,€$$
$$\text{Ferienwohnung B:}\quad K_B = 5 \cdot 67\,€ = 335\,€$$

Beim günstigeren Angebot in Ferienwohnung B können also insgesamt $350\,€ - 335\,€ = 15\,€$ gespart werden. Da es insgesamt drei Personen sind, liegt die Ersparnis pro Person bei $15\,€ : 3 = \underline{5\,€}$.

1. Löse folgende Gleichung.

$$82 - (44{,}5 + 0{,}625x) : 0{,}25 = (-2) \cdot (-6{,}5x + 17)$$

(4 Pkt.)

2. Ein Joghurt darf nur dann die Bezeichnung „Fruchtjoghurt" tragen, wenn der mindestens 6 % Früchte enthält.

    a) Handelt es sich bei dem abgebildeten Joghurt um einen Fruchtjoghurt?
       Begründe mit Hilfe einer Rechnung.

500 g
Himbeerjoghurt

enthält
34 g Himbeeren

    b) Ein Joghurthersteller steigert den Fruchtanteil im Erdbeerjoghurt um 4 % und verwendet jetzt 26 g Erdbeeren für einen Becher Joghurt.
       Ermittle, wie viel Gramm Erdbeeren vorher in einem Becher Joghurt enthalten waren.

    c) Vier Freunde bereiten gemeinsam Fruchtjoghurt mit einem Fruchtanteil von 30 % zu. Sie verwenden dazu 270 g Erdbeeren.
       Berechne, wie viel Gramm Fruchtjoghurt jeder der Freunde bei gleicher Verteilung bekommt.

(4 Pkt.)

Fortsetzung nächste Seite

Fortsetzung Aufgabengruppe III

3. Eine Eisdiele lässt ein Logo für ihr Schaufenster anfertigen, das aus drei deckungsgleichen Figuren besteht.

Berechne den Flächeninhalt dieses Logos.

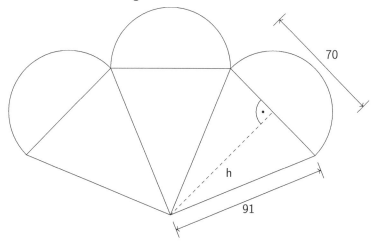

Maße in cm

Hinweis: Skizze nicht maßstabsgetreu

(4 Pkt.)

4. Die folgende Tabelle zeigt Klimadaten aus Oberstdorf.

		Jan.	Feb.	März	Apr.	Mai	Juni	Juli	Aug.	Sep.	Okt.	Nov.	Dez.
	Durchschnitts-temperatur (°C)	-2,9	-1,5	2,5	6,3	10,7	13,9	15,9	15,4	12,5	7,7	2,7	-1,7
	Niederschlag (mm)	61	56	61	76	102	115	122	125	93	69	70	73
Tag	Regentage	17	15	13	14	15	**?**	16	15	12	13	14	14

Daten nach: http://www.klima.org/ und https://de.climate-data.org/

a) Berechne den Unterschied zwischen den Durchschnittstemperaturen des wärmsten und kältesten Monats.

b) Ermittle den Durchschnitt der monatlichen Niederschlagsmengen.

c) Betrachtet man das ganze Jahr, regnet es durchschnittlich 14,5 Tage pro Monat. Berechne die Anzahl der Regentage im Juni.

d) Bestimme für den Monat April den prozentualen Anteil der Tage, an denen es nicht regnet.

(4 Pkt.)

1. Die Gleichung wird ausmultipliziert, dann zusammengefasst und schließlich umgeformt:

$$82 - (44{,}5 + 0{,}625x) : 0{,}25 = (-2) \cdot (-6{,}5x + 17) \qquad \text{(Ausmultipizieren)}$$

$$\Longleftrightarrow \qquad 82 - 178 - 2{,}5x = 13x - 34 \qquad\qquad |-13x$$

$$\Longleftrightarrow \qquad -96 - 15{,}5x = -34 \qquad\qquad |+96$$

$$\Longleftrightarrow \qquad -15{,}5x = 62 \qquad\qquad |:(-15{,}5)$$

$$\Longleftrightarrow \qquad \underline{x = -4}$$

2. a) Es wird der prozentuale Anteil der Himbeeren bestimmt.
    Gegeben: Grundwert (G) = 500 g; Prozentwert (P) = 34 g
    Gesucht: Prozentsatz (p)

    Lösung mit Dreisatz: **Lösung durch Formel:**

    Prozent | g

    $100\,\% \triangleq 500\,g \quad |:500$

    $0{,}2\,\% \triangleq 1\,g \quad |\cdot 34$

    $6{,}8\,\% \triangleq 34\,g$

    $$p = \frac{P \cdot 100}{G}$$
    $$= \frac{34 \cdot 100}{500} = 6{,}8\,\%$$

    Der Joghurt enthält also mehr als 6 % Frucht und darf demnach als Fruchtjoghurt bezeichnet werden.

    b) **Gegeben:** Prozentwert (P) = 26 g; Prozentsatz (p) = 100 %+4 %=104 %
    Gesucht: Grundwert (G)

    Lösung mit Dreisatz: **Lösung durch Formel:**

    Prozent | g

    $104\,\% \triangleq 26\,g \quad |:104$

    $1\,\% \triangleq 0{,}25\,g \quad |\cdot 100$

    $100\,\% \triangleq 25\,g$

    $$G = \frac{P \cdot 100}{p}$$
    $$= \frac{26 \cdot 100}{104} = 25$$

    Im Joghurt war vorher ein Fruchtanteil von $\underline{25\,g}$.

    c) Zunächst wird die gesamte Menge an Fruchtjoghurt berechnet.
    Gegeben: Prozentwert (P) = 270 g; Prozentsatz (p) = 30 %
    Gesucht: Grundwert (G)

    Lösung mit Dreisatz: **Lösung durch Formel:**

    Prozent | g

    $30\,\% \triangleq 270\,g \quad |:30$

    $1\,\% \triangleq 9\,g \quad |\cdot 100$

    $100\,\% \triangleq 900\,g$

    $$G = \frac{P \cdot 100}{p}$$
    $$= \frac{270 \cdot 100}{30} = 900$$

    Bei gleicher Verteilung erhält somit jeder 900 g : 4 = $\underline{225\,g}$.

3. Zunächst wird eines der Dreiecke betrachtet. Mit dem Satz des Pythagoras gilt dann (in cm):

Skizze

$$h^2 + 35^2 = 91^2 \qquad |-35^2$$

$$\Longleftrightarrow \qquad h^2 = 91^2 - 35^2 \qquad |\sqrt{}$$

$$\Longleftrightarrow \qquad h = \sqrt{91^2 - 35^2}$$

$$\Longleftrightarrow \qquad h = 84$$

Eine einzelne Figur setzt sich zusammen aus dem Dreieck und dem Halbkreis. Das Logo besteht insgesamt aus drei solchen Figuren. Demnach gilt:

$$A = 3 \cdot A_{Figur} = 3 \cdot (A_{Dreieck} + A_{Halbkreis}) = 3 \cdot \left(A_{Dreieck} + \frac{1}{2} \cdot A_{Kreis}\right)$$

$$= 3 \cdot \left(\frac{1}{2} \cdot 70\,cm \cdot 84\,cm + \frac{1}{2} \cdot (35\,cm)^2 \cdot \pi\right) \approx 3 \cdot (2940\,cm^2 + 1923{,}25\,cm^2)$$

$$= \underline{14589{,}75\,cm^2}$$

4. a) Die niedrigste Durchschnittstemperatur herrschte mit $-2{,}9°$ im Januar. Am wärmsten war es im Juli mit $15{,}9°$. Der Unterschied der Durchschnittstemperaturen zwischen wärmsten und kältesten Monat beträgt also $15{,}9° - (-2{,}9°) = \underline{18{,}8°}$.

   b) Um den Durchschnitt zu berechnen, rechnet man die Summe der Niederschlagsmengen aller zwölf Monate geteilt durch deren Anzahl der Monate, also geteilt durch zwölf:

   $$\frac{(61 + 56 + 61 + 76 + 102 + 115 + 122 + 125 + 93 + 69 + 70 + 73)\,mm}{12} = \underline{85{,}25\,mm}$$

   c) Hier wird gerechnet wie in Aufgabe b), nur dass hier bereits der Durchschnittswert bekannt ist und eine der Zahlen fehlt. Die Anzahl der Regentage im Juni wird als Unbekannte x betrachtet (Berechnung in Tagen):

   $$\frac{17 + 15 + 13 + 14 + 15 + x + 16 + 15 + 12 + 13 + 14 + 14}{12} = 14{,}5 \qquad |\cdot 12$$

   $$\Longleftrightarrow \qquad\qquad\qquad 158 + x = 174 \qquad |-158$$

   $$\Longleftrightarrow \qquad\qquad\qquad\qquad x = 16$$

   Im Juni gab es $\underline{16}$ Regentage.

   d) Der April hat 30 Tage. Da es 14 Regentage gab, hat es folglich an $30 - 14 = 16$ Tagen nicht geregnet.
   Gegeben: Grundwert (G) $= 30$ Tage; Prozentwert (P) $= 16$ Tage
   Gesucht: Prozentsatz (p)

   Lösung mit Dreisatz: **Lösung durch Formel:**

Prozent	Tage
$100\,\%$ $\stackrel{\triangle}{=}$ 30	$|:30$
$\dfrac{100}{30}\,\%$ $\stackrel{\triangle}{=}$ 1	$|\cdot 16$
$53{,}3\,\%$ $\stackrel{\triangle}{=}$ 16	

   $$p = \frac{P \cdot 100}{G}$$

   $$= \frac{16 \cdot 100}{30} \approx 53{,}3\,\%$$

   Im April hat es an $\underline{53{,}3\,\%}$ der Tage nicht geregnet.

1. Alle dargestellten Artikel werden günstiger verkauft.

a) Wurde der neue Preis richtig berechnet? Kreuze entsprechend an:

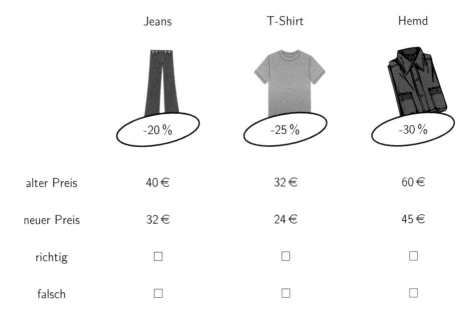

	Jeans	T-Shirt	Hemd
	-20 %	-25 %	-30 %
alter Preis	40 €	32 €	60 €
neuer Preis	32 €	24 €	45 €
richtig	☐	☐	☐
falsch	☐	☐	☐

b) Ergänze den fehlenden Prozentsatz.

Schuhe

-_____ %

alter Preis	80 €
neuer Preis	48 €

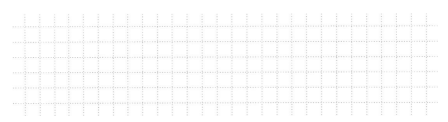

(2 Pkt.)

Fortsetzung nächste Seite

2. Ein Schüler hat mehrere Gleichungen bearbeitet. Dabei hat er einen Fehler gemacht.

a) Berichtige die Zeile, in welcher der Fehler auftritt.

$$0{,}5 \cdot (16x + 5) + 8{,}5 = 6 + x - (5 - 3x) \cdot 2$$ _____

$$8x + 2{,}5 + 8{,}5 = 6 + x - 5 + 6x$$ _____

$$8x + 11 = 7x + 1 \qquad | - 7x$$ _____

$$x + 11 = 1 \qquad | - 11$$ _____

$$x = -10$$ _____

b) Kreuze an, welche Regel bei der folgenden Umformung falsch angewendet wurde.

$$2 \cdot (12x - 3) = 3x - (2 - 4x)$$
$$24x - 6 = 3x - 2 - 4x$$

☐ Punkt- vor Strichrechnung

☐ gleiche Rechenoperation auf beiden Seiten der Gleichung

☐ Vorzeichenregel beim Auflösen der Klammer

(1,5 Pkt.)

3. Von einem Viereck sind folgende Winkel bekannt:

$\alpha = 55°$, $\beta = 135°$, $\gamma = ?$, $\delta = 135°$

Begründe unter Verwendung einer Rechnung, warum dieses Viereck kein Parallelogramm sein kann.

(1,5 Pkt.)

Fortsetzung nächste Seite

4.　Kreuze bei jedem Sachverhalt die realistische Größenangabe an.

Quelle „Fahrradtour": lern.de

a) Yusuf macht eine Fahrradtour.
　　Ohne Pause schafft er in zwei Stunden

　　☐　　　　　☐　　　　　☐

　　400 m.　　22 000 m.　　900 000 m.

Quelle „Getränkekasten": lern.de

b) Jürgen trägt einen Getränkekasten (12 Glasflaschen mit je
　　0,7 ℓ).
　　Der volle Kasten wiegt etwa

　　☐　　　　　☐　　　　　☐

　　500 g.　　　3 kg.　　　0,017 t.

Quelle „Glas Saft": lern.de

c) Doris holt sich ein Glas Saft.
　　Es hat eine Füllmenge von

　　☐　　　　　☐　　　　　☐

　　20 ml.　　62,5 ml.　　200 ml.

Quelle „Taschenrechner": lern.de

d) Walters Taschenrechner wiegt

　　☐　　　　　☐　　　　　☐

　　0,205 kg.　　0,01 t.　　2,5 kg.

(2 Pkt.)

Fortsetzung nächste Seite

5. Der Buchstabe P für ein Parkplatzschild wird aus halbkreisförmigen und geraden Linien erstellt. Berechne den Flächeninhalt des Buchstabens. Rechne mit $\pi = 3$!

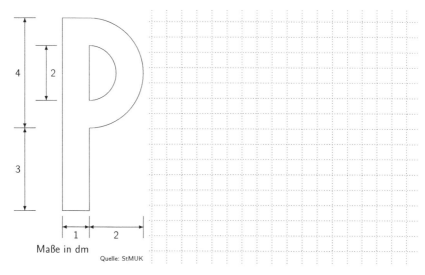

Maße in dm

Quelle: StMUK

(2 Pkt.)

6. Am Montag, dem 2. September 2019, ging Adrian zum Arzt. Sein nächster Termin war am 27. September 2019. Welcher Wochentag war das?

Der 27. September 2019 war ein _____.

(1 Pkt.)

7. Nur eine der gegebenen Maßeinteilungen passt zum dargestellten Messbecher. Kreuze die passende Maßeinteilung an.

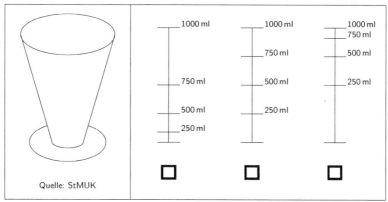

Quelle: StMUK

(1 Pkt.)

Fortsetzung nächste Seite

8. Aus einem Quadrat wird das Dreieck ABC ausgeschnitten.

   Bestimme den Flächeninhalt des Dreiecks ABC.

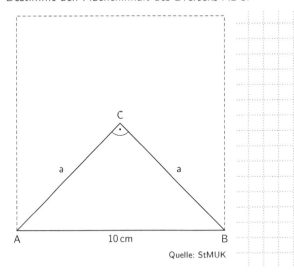

Quelle: StMUK

(1 Pkt.)

9. Jasmin aus Erlangen hat um 14:00 Uhr ein Vorstellungsgespräch in Nürnberg, zu dem sie mit dem Zug fährt. Sie möchte 15 Minuten vor Beginn des Gesprächs bei der Firma sein. Vom Nürnberger Bahnhof bis zu Firma plant sie 20 Minuten ein.

   Fahrplan:

Abfahrt in Erlangen	12:44	13:02	13:19	13:44
Ankunft in Nürnberg	13:10	13:19	13:48	14:10

   Mit welchem Zug muss sie spätestens fahren?

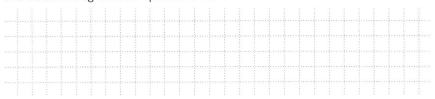

   Sie muss spätestens mit dem Zug um _____ Uhr fahren.   (1 Pkt.)

Fortsetzung nächste Seite

10. Setze korrekt ein ($>$ oder $<$ oder $=$).

   a) $\sqrt{0{,}25}$ [ ] 0,4

   a) $\dfrac{3}{8}$ [ ] $2{,}5 \cdot 10^{-2}$

(1 Pkt.)

11. Von München nach Nürnberg sind es 150 km Luftlinie.

   Ermittle die Entfernung zwischen Passau und Aschaffenburg.

Quelle „Landkarte Bayern": lern.de

(1 Pkt.)

Fortsetzung nächste Seite

12. Bei dem abgebildeten Rechteck ist ein Puzzle-Teil schon eingefügt.

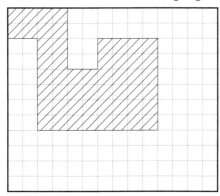

Welche drei Puzzle-Teile vervollständigen das dargestellte Rechteck?

Kreuze die benötigten Teile an:

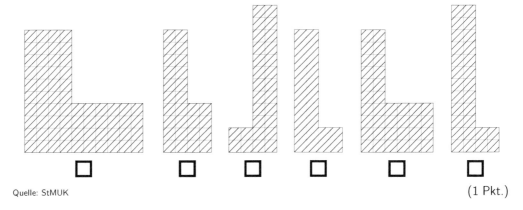

☐   ☐   ☐   ☐   ☐   ☐

Quelle: StMUK   (1 Pkt.)

1. Zur Überprüfung, ob der neue Preis richtig oder falsch ist, wird der Dreisatz angewendet.

   a) **Angegebener Rabatt Jeans:** 20 %

$$\begin{array}{ll} \textbf{Prozent} \mid \textbf{Euro} & \\ 100\,\% \stackrel{\wedge}{=} 40\,€ & \mid : 100 \\ 1\,\% \stackrel{\wedge}{=} 0{,}40\,€ & \mid \cdot 20 \\ 20\,\% \stackrel{\wedge}{=} 8\,€ & \end{array}$$

   Bei 8 € Rabatt ergibt sich ein neuer Preis von $(40-8)\,€ = 32\,€$. Der neue Preis der Jeans wurde **richtig** berechnet.

   Angegebener Rabatt T-Shirt: 25 %

$$\begin{array}{ll} \textbf{Prozent} \mid \textbf{Euro} & \\ 100\,\% \stackrel{\wedge}{=} 32\,€ & \mid : 100 \\ 1\,\% \stackrel{\wedge}{=} 0{,}32\,€ & \mid \cdot 25 \\ 25\,\% \stackrel{\wedge}{=} 8\,€ & \end{array}$$

   Bei 8 € Rabatt ergibt sich ein neuer Preis von $(32-8)\,€ = 24\,€$. Der neue Preis des T-Shirts wurde **richtig** berechnet.

   Angegebener Rabatt Hemd: 30 %

$$\begin{array}{ll} \textbf{Prozent} \mid \textbf{Euro} & \\ 100\,\% \stackrel{\wedge}{=} 60\,€ & \mid : 100 \\ 1\,\% \stackrel{\wedge}{=} 0{,}60\,€ & \mid \cdot 30 \\ 30\,\% \stackrel{\wedge}{=} 18\,€ & \end{array}$$

   Bei 18 € Rabatt ergibt sich ein neuer Preis von $(60-18)\,€ = 42\,€$. Der neue Preis der Jeans wurde **falsch** berechnet.

   b) Nun ist der neue Preis gegeben und der Rabatt ist gesucht. Bei einem neuen Preis von 48 € beläuft sich der Rabatt auf $(80-48)\,€ = 32\,€$. Der Prozentsatz dieses Rabatts kann nun wiederum mit dem Dreisatz berechnet werden:

$$\begin{array}{ll} \textbf{Prozent} \mid \textbf{Euro} & \\ 100\,\% \stackrel{\wedge}{=} 80\,€ & \mid : 80 \\ 1{,}25\,\% \stackrel{\wedge}{=} 1{,}00\,€ & \mid \cdot 32 \\ 40\,\% \stackrel{\wedge}{=} 32\,€ & \end{array}$$

   Es wurden <u>40 %</u> Rabatt gewährt.

2. a) Der Fehler wurde von der ersten zur zweiten Zeile begangen. Ursache war das fehlerhafte Auflösen der Klammer auf der rechten Seite. Bei dieser wurde zwar das Vorzeichen korrekt aufgelöst, aber der Faktor $\cdot 2$ wurde nur auf einen der Terme in der Klammer angewandt. Richtig müsste die zweite Zeile also heißen:

$$8x + 2{,}5 + 8{,}5 = 6 + x - \mathbf{10} + 6x$$

b) Das Minus vor der Klammer auf der rechten Seite der Gleichung muss auf alle Terme angewandt werden, was jedoch nicht beachtet wurde. Die richtige Antwort ist demnach: **Vorzeichenregel beim Auflösen der Klammer**.
Richtig müsste die zweite Zeile also heißen (war nicht gefragt):

$$24x - 6 = 3x - 2 + \mathbf{4x}$$

3. Da die Summe der Innenwinkel in einem Viereck immer gleich 360° ist, kann aus den gegebenen Winkeln die Größe des vierten Winkels berechnet werden:

$$\gamma = 360° - \alpha - \beta - \delta$$
$$= 360° - 55° - 135° - 135°$$
$$= 35°$$

Das Paar von 55° und 35° sich gegenüberliegender Winkel ist nicht gleich groß. Wenn gegenüberliegende Winkel nicht gleich große sind, kann es sich nicht um ein Parallelogramm handeln.

4.

a) Mit dem Fahrrad fährt man etwa 10 – 20 km/h, also 10 bis 20 Kilometer pro Stunde. In zwei Stunden können somit etwa 20 bis 40 Kilometer zurückgelegt werden, was 20 000 bis 40 000 Metern entspricht. Die richtige Antwort ist also <u>22 000 m</u>.

b) Hier lohnt es sich, die gegebenen Werte zunächst in Kilogramm umzurechnen:

$$500\,\text{g} \stackrel{\triangle}{=} 0{,}5\,\text{kg} \qquad 3\,\text{kg} \stackrel{\triangle}{=} 3\,\text{kg} \qquad 0{,}017\,\text{t} \stackrel{\triangle}{=} 17\,\text{kg}$$

Da 1 ℓ Wasser etwa 1 kg wiegt, macht allein die Flüssigkeit ein Gewicht von $12 \cdot 0{,}7\,\ell = 8{,}4\,\ell$ aus. Zuzüglich des Gewichts des Kastens und des Glases kann also nur <u>0,017 t</u> korrekt sein.

c) Ein übliches Trinkglas fasst 200 – 300 ml. Verglichen mit der Hand auf dem Bild scheint es sich um ein Glas normaler Größe zu handeln. Demnach ist <u>200 ml</u> die richtige Antwort.

d) Wieder sollten die gegebenen Größen in Kilogramm als Vergleichswert umgerechnet werden:

$$0{,}205\,\text{kg} \stackrel{\triangle}{=} 0{,}205\,\text{kg} \qquad 0{,}01\,\text{t} \stackrel{\triangle}{=} 10\,\text{kg} \qquad 2{,}5\,\text{kg} \stackrel{\triangle}{=} 2{,}5\,\text{kg}$$

Der Taschenrechner ist nicht schwerer als 1 kg (Vergleich: eine Tüte Zucker/Mehl). Die einzig mögliche Antwort ist demnach <u>0,205 kg</u>.

5. Der Flächeninhalt des Buchstaben P setzt sich zusammen aus der Fläche des Rechtecks A_R und der Fläche des großen Halbkreises A_{HK} abzüglich des kleinen ausgeschnittenen Halbkreises A_A (siehe Abbildung).

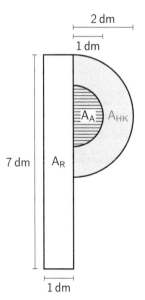

Fläche Rechteck:

$$A_R = 1\,dm \cdot 7\,dm$$
$$= 7\,dm^2$$

Fläche großer Halbkreis:

$$A_{HK} = \frac{1}{2} \cdot (2\,dm)^2 \cdot \pi$$
$$= 6\,dm^2$$

Fläche ausgeschnittener kleiner Halbkreis:

$$A_A = \frac{1}{2} \cdot (1\,dm)^2 \cdot \pi$$
$$= 1,5\,dm^2$$

Fläche des Buchstabens:

$$A = A_R + A_{HK} - A_A = 7\,dm^2 + 6\,dm^2 - 1,5\,dm^2$$
$$= \underline{\underline{11,5\,dm^2}}$$

6. Wenn der 2. September ein Montag war, dann waren auch der 9. September, der 16. September und der 23. September ein Montag. Wenn der 23. ein Montag war, dann war der 24. ein Dienstag, der 25. ein Mittwoch, der 26. ein Donnerstag und der 27. September demnach ein <u>Freitag</u>.

7. Bei dem Kegelförmigen Becher nimmt das Volumen im oberen Bereich aufgrund des größer werdenden Radius immer stärker zu, da dieser quadratisch in die jeweilige Fläche eingeht. Demnach nimmt das Volumen im oberen Bereich schneller zu und Antwort **3** ist richtig.

8. Da das Dreieck ABC gleichschenklig rechtwinklig ist, sind die Strecken a Teil der Diagonalen des Quadrates. Damit ist die Fläche des Dreiecks ABC ein Viertel der Fläche des Quadrates:

$$A = \frac{1}{4} \cdot (10\,cm)^2 = \underline{\underline{25\,cm^2}}$$

9. Wenn Jasmin 15 Minuten vor Beginn des Vorstellungsgesprächs in Nürnberg sein möchte und 20 Minuten vom Bahnhof zur Firma brauch, muss sie 35 Minuten vor 14:00 Uhr, also spätestens um 13:25 Uhr am Bahnhof in Nürnberg sein. Damit sie dies schafft, muss sie den Zug spätestens <u>13:02 Uhr</u> ab Erlangen nehmen.

10. a) Für den Wurzelausdruck gilt:

$$\sqrt{0,25} = \sqrt{0,01 \cdot 25} = \sqrt{0,01} \cdot \sqrt{25} = 0,1 \cdot 5 = 0,5$$

Damit ist:

$$\underline{\sqrt{0,25} > 0,4}$$

b) Wieder werden beide Terme zunächst umgerechnet:

$$\frac{3}{8} = 0{,}375 \qquad 2{,}5 \cdot 10^{-2} = 2{,}5 \cdot 0{,}01 = 0{,}025$$

Demnach gilt:

$$0{,}375 > 0{,}025$$

11. Aus der Karte kann die Strecke München-Nürnberg zu 3 cm und die von Passau-Aschaffenburg zu 7 cm abgemessen werden. Da zudem die reale Strecke (Luftlinie) von München nach Nürnberg mit 150 km gegeben ist, kann der Dreisatz verwendet werden:

$$\textbf{Karte} \mid \textbf{Realität}$$

$3\,\text{cm} \triangleq 150\,\text{km}$	$\mid : 3$
$1\,\text{cm} \triangleq 50\,\text{km}$	$\mid \cdot 7$
$7\,\text{cm} \triangleq 350\,\text{km}$	

Die Entfernung zwischen Passau und Aschaffenburg beträgt etwa 350 km.

12. Als erstes kann der obere Teil des Puzzle-Teils betrachtet werden. Für das einzusetzende Puzzle-Teil, welches zwei Kästchen breit ist und um die Ecke verläuft, kommen nur das vierte und das sechste Puzzle-Teil von Links in Frage. Da das sechste Teil jedoch zu lang ist, muss das vierte Teil eingesetzt werden, sodass sich folgendes Bild ergibt:

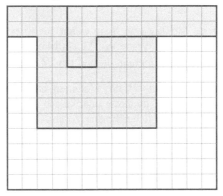

Den vier Kästchen breiten Raum auf der rechten Seite kann nur das erste Puzzle-Teil von links ausfüllen:

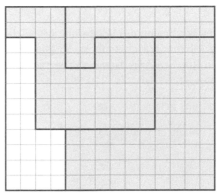

In die verbleibende Lücke kann nun das zweite Puzzle-Teil eingesetzt werden. Benötigt werden also das <u>erste, zweite</u> und <u>vierte</u> Puzzle-Teil von links.

1. Eine Mittelschule kauft insgesamt 120 Bälle.

   Es werden 10 Fußbälle weniger bestellt als Basketbälle.

   Außerdem werden halb so viele Volleybälle wie Basketbälle bestellt.

   Ermittle nachvollziehbar, wie viele Fußbälle, Basketbälle und Volleybälle jeweils gekauft werden.
   (4 Pkt.)

2. Die Abbildung informiert über Tore bei den Fußballweltmeisterschaften von 2006 bis 2018.

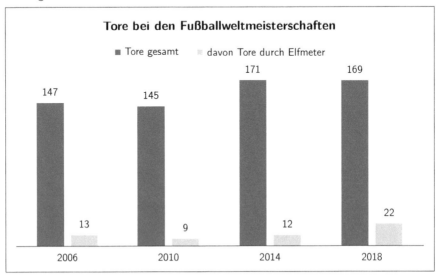

Quelle: www.kicker.der/www.statista.de vom 03.12.2018, StMUK (Grafik)

a) Ermittle, wie viel Prozent aller Tore bei der Fußballweltmeisterschaft 2018 durch Elfmeter erzielt wurden.

b) Berechne, wie viele Tore bei den vier Weltmeisterschaften durchschnittlich durch Elfmeter erzielt wurden.

c) Insgesamt gab es bei den vier Weltmeisterschaften 74 Elfmeter, von denen aber 18 nicht zu einem Tor führten.

   Stelle in einem Kreisdiagramm ($r = 4\,cm$) dar, wie viele Tore durch Elfmeter erzielt wurden und wie viele Elfmeter nicht zu einem Tor führten.

   (4 Pkt.)

Fortsetzung nächste Seite

3. Ein Werkstück besteht aus einem Zylinder, auf dem eine Pyramide mit rechteckiger Grundfläche aufgesetzt ist (siehe Skizze).

   Berechne das Volumen des Werkstücks.

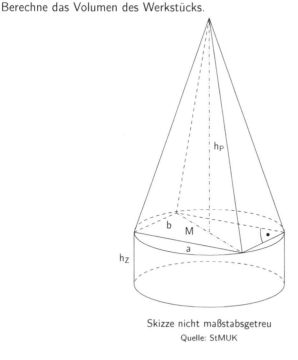

$h_P = 16\,cm$

$b = 9\,cm$

$a = 12\,cm$

$h_Z = 4\,cm$

Skizze nicht maßstabsgetreu
Quelle: StMUK

(4 Pkt.)

4. Ein regelmäßiges Fünfeck hat eine Seitenlänge von 4,5 cm.

   a) Zeichne dieses regelmäßige Fünfeck.

   b) Ein anderes regelmäßiges Fünfeck hat einen Umfang von 29,5 cm.

   Bestimme, um wie viele Zentimeter sich die beiden Seitenlängen der Fünfecke unterscheiden.

(4 Pkt.)

1. Die Anzahl der Basketbälle wird im Folgenden nun als x bezeichnet. Aus dem Text ergeben sich dann die folgenden Informationen:

$$\text{Basketbälle} \triangleq x$$

„Es werden 10 Fußbälle weniger bestellt als Basketbälle."

$$\text{Fußbälle} \triangleq x - 10$$

„Außerdem werden halb so viele Volleybälle wie Basketbälle bestellt."

$$\text{Volleybälle} \triangleq 0{,}5x$$

Da es insgesamt 120 Bälle sein sollen, muss die Summe aller Terme gleich 120 sein:

$$x + (x - 10) + 0{,}5x = 120$$
$$\Longleftrightarrow \qquad 2{,}5x - 10 = 120 \qquad | + 10$$
$$\Longleftrightarrow \qquad 2{,}5x = 130 \qquad | : 2{,}5$$
$$\Longleftrightarrow \qquad x = 52$$

Damit ergeben sich die gesuchten Mengen:

$$\text{Basketbälle:} \qquad x = \underline{52}$$
$$\text{Fußbälle:} \qquad x - 10 = \underline{42}$$
$$\text{Volleybälle:} \qquad 0{,}5x = \underline{26}$$

2. a) In 2018 wurden insgesamt 169 Tore erzielt. Davon sind 22 Tore durch Elfmeter entstanden. Zur Berechnung des Prozentsatzes kann der Dreisatz oder die Formel verwendet werden:

Gegeben: Grundwert (G) = 169 (Tore); Prozentwert (P) = 22 (Tore)

Gesucht: Prozentsatz (p)

Lösung mit Dreisatz:

Prozent	Tore
$100\,\% \triangleq 69$	$\| : 69$
$\dfrac{100}{69}\,\% \triangleq 1$	$\| \cdot 22$
$13{,}017\,\% \triangleq 22$	

Lösung durch Formel:

$$p = \frac{P \cdot 100}{G}$$
$$= \frac{22 \cdot 100}{69} = 13{,}017\,\%$$

Etwa <u>13 %</u> der Tore wurden 2018 durch Elfmeter erzielt.

b) Der Durchschnitt ergibt sich durch die Summe der Einzelwerte geteilt durch deren Anzahl:

$$\frac{13 + 9 + 12 + 22}{4} = \frac{56}{4} = 14$$

Durchschnittlich wurden <u>14</u> Tore durch Elfmeter erzielt.

c) Das volle Kreisdiagramm, welches 74 Elfmetern entspricht, hat einen Winkel von 360°. Mithilfe des Dreisatzes kann der Winkel des Anteils der Tore, die nicht zu einem Tor führten (18), bestimmt werden:

Tore	Winkel
$74 \triangleq 360°$	$\| : 74$
$1 \triangleq \dfrac{360°}{74}$	$\| \cdot 18$

$$18 \mathrel{\hat{=}} 87{,}57° \approx 88°$$

Darstellung des Kreisdiagramms:

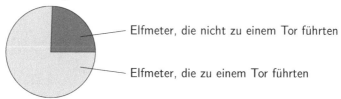

— Elfmeter, die nicht zu einem Tor führten

— Elfmeter, die zu einem Tor führten

3. Das Volumen des Körpers setzt sich zusammen aus dem der Pyramide V_P und dem des Zylinders V_Z. Das Volumen der Pyramide kann direkt aus den gegeben Größen aus der Grundfläche (Rechteck mit Seiten a und b) und der Höhe (h_P) berechnet werden:

$$V_P = \frac{1}{3} \cdot (a \cdot b) \cdot h_P$$
$$= \frac{1}{3} \cdot (12\,\text{cm} \cdot 9\,\text{cm}) \cdot 16\,\text{cm}$$
$$= 576\,\text{cm}^3$$

Im Dreieck, welches aus a, b und der Diagonalen der Grundfläche der Pyramide gebildet wird, kann der Durchmesser des Kreises des Zylinders berechnet werden:

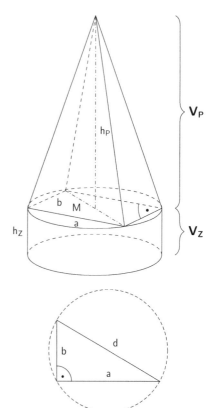

$$d^2 = a^2 + b^2 \qquad |\sqrt{}$$
$$\Longleftrightarrow \quad d = \sqrt{12^2 + 9^2}\,\text{cm}$$
$$\Longleftrightarrow \quad d = 15\,\text{cm} \qquad |:2$$
$$\Rightarrow \quad r = 7{,}5\,\text{cm}$$

Aus dem ermittelten Radius kann das Volumen des Zylinders berechnet werden:

$$V_Z = r^2 \cdot \pi \cdot h_Z$$
$$= (7{,}5\,\text{cm})^2 \cdot 3{,}14 \cdot 4\,\text{cm} \qquad\qquad = 706{,}5\,\text{cm}^3$$

Daraus ergibt sich schließlich das gesuchte Gesamtvolumen:

$$\underline{V_{Ges}} = V_P + V_Z = 576\,\text{cm}^3 + 706{,}5\,\text{cm}^3 = \underline{1\,282{,}5\,\text{cm}^3}$$

4. a) Um das Fünfeck zu zeichnen, beginnt man zunächst eine der Seitenkanten mit Länge 4,5 cm. Hiervon müssen nun Winkel abgetragen werden, die noch bestimmt werden müssen. Das Fünfeck besteht aus fünf identischen, gleichschenkligen Dreiecken. Da diese am Mittelpunkt

des Fünfecks zusammenlaufen, ist die Summe der fünf Mittelpunktswinkel gleich 360°.
Für einen Winkel gilt:

$$360° : 5 = 72°$$

Aus der Innenwinkelsumme des Dreiecks können dann die Basiswinkel eines solchen gleichschenkligen Dreiecks bestimmt werden:

$$(180° - 72°) : 2 = 128° : 2 = 54°$$

Ausgehend von der gezeichneten Kante mit 4,5 cm Länge können dann also jeweils 54° von
den Enden abgetragen werden. Der Schnittpunkt ist die Spitze eines Dreiecks. Basierend
auf diesem können dann die anderen Dreiecke und damit schließlich das gesamte Fünfeck
gezeichnet werden.
(**Hinweis:** Die Zeichnung ist nicht maßstabsgetreu, da sie für den Buchdruck skaliert wurde.)

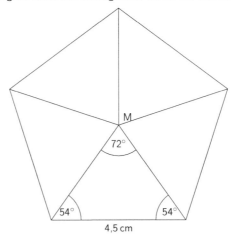

b) Da die Seitenkanten alle gleich lang sind, kann deren Länge aus dem Umfang bestimmt
werden:

$$(29,5 \text{ cm}) : 5 = 5,9 \text{ cm}$$

Die Seitenlängen der beiden Fünfecke unterscheiden sich demnach um 5,9 cm − 4,5 cm =
1,4 cm.

1. Löse folgende Gleichung.

$$\frac{2x+9}{5} - \frac{1}{2} \cdot (x-15) = \frac{3}{4} \cdot (13-7x) + 15$$ (4 Pkt.)

2. Michael und Nicole machen gemeinsam Urlaub in den Bergen.

   a) Das Doppelzimmer kostet für den gesamten Aufenthalt 680 €. Sie bekommen auf diesen Preis 15 % Frühbucherrabatt.

   Wenn sie sofort zahlen, erhalten sie auf den verminderten Preis zusätzlich 2 % Skonto.

   Berechne die Hotelkosten bei sofortiger Zahlung.

   b) Für Ausflüge haben Michael und Nicole insgesamt 75 € zur Verfügung.

   Für den Klettergarten bezahlen sie 23,50 € pro Person.

   Eine Fahrkarte für die Rodelbahn kostet 5,70 €.

   Ermittle, wie viele Fahrkarten für die Rodelbahn sie maximal kaufen können.

   (4 Pkt.)

3. Die abgebildete Figur besteht aus einem Quadrat und vier deckungsgleichen Parallelogrammen.

   Berechne den gesamten Inhalt der grau markierten Fläche.

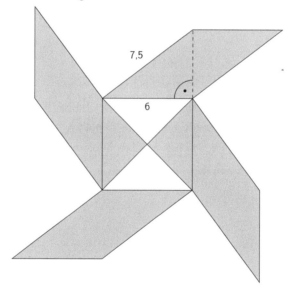

Hinweis: Skizze nicht maßstabsgetreu; Maße in cm
Quelle: StMUK

(4 Pkt.)

Fortsetzung nächste Seite

4. Familie Horn möchte ein Elektroauto kaufen.

Der Händler macht zwei Angebote:

Angebot A	**Angebot B**
Fahrzeug mit Akku Preis: 29 869 €	Fahrzeug ohne Akku Preis: 21 460 € zuzüglich Miete für den Akku: 800 € im Jahr

a) Bestimme die in der Tabelle fehlenden Werte für die Miete des Akkus.

Mietzeit in Jahren	2		8	12
Miete für den Akku in €		4 000		9 600

b) Stelle den Zusammenhang von Mietzeit und Miete des Akkus in einem Koordinatensystem graphisch dar.

Rechtswertachse: 1 cm ≙ 1 Jahr

Hochwertachse: 1 cm ≙ 1 000 €

Hinweis zum Platzbedarf: Rechtswertachse 13 cm, Hochwertachse 11 cm

c) Familie Horn hat vor, das Auto neun Jahre zu nutzen.

Begründe nachvollziehbar, welches Angebot für Familie Horn günstiger ist.

(4 Pkt.)

1. Durch Multiplikation mit dem Hauptnenner 20 werden die Brüche eliminiert. Danach kann die Gleichung zusammengefasst, umgeformt und damit gelöst werden.

$$\frac{2x + 9}{5} - \frac{1}{2} \cdot (x - 15) = \frac{3}{4} \cdot (13 - 7x) + 15 \qquad | \cdot 20$$

$$\Longleftrightarrow \quad 4 \cdot (2x + 9) - 10 \cdot (x - 15) = 3 \cdot 5 \cdot (13 - 7x) + 20 \cdot 15$$

$$\Longleftrightarrow \quad 8x + 36 - 10x + 150 = 195 - 105x + 300$$

$$\Longleftrightarrow \quad -2x + 186 = 495 - 105x \qquad | + 105x$$

$$\Longleftrightarrow \quad 103x + 186 = 495 \qquad | - 186$$

$$\Longleftrightarrow \quad 103x = 309 \qquad | : 103$$

$$\Longleftrightarrow \quad \underline{\underline{x = 3}}$$

2. a) Zunächst werden die Hotelkosten abzüglich des Frühbucherrabatts berechnet. Da sich dieser auf 15 % beläuft, verbleiben 85 % des Preises.

Gegeben: Grundwert (G) = 680 €; Prozentsatz (p) = 85 %

Gesucht: Prozentwert (P)

Lösung mit Dreisatz:

Prozent | Euro
100 % $\triangleq$ 680 € | : 100
1 % $\triangleq$ 6,80 € | $\cdot$ 85
85 % $\triangleq$ 578 €

Lösung durch Formel:

$$P = \frac{p \cdot G}{100}$$
$$= \frac{85 \cdot 680}{100} = 578 \,€$$

Ausgehend von diesem Preis können weitere 2 % Skonto abgezogen werden, sodass von dem neu ermittelten Betrag nur noch 98 % gezahlt werden müssen:

Gegeben: Grundwert (G) = 578 €; Prozentsatz (p) = 98 %

Gesucht: Prozentwert (P)

Lösung mit Dreisatz:

Prozent | Euro
100 % $\triangleq$ 578 € | : 100
1 % $\triangleq$ 5,78 € | $\cdot$ 98
98 % $\triangleq$ 566,44 €

Lösung durch Formel:

$$P = \frac{p \cdot G}{100}$$
$$= \frac{98 \cdot 578}{100} = 566,44 \,€$$

Bei sofortiger Zahlung belaufen sich die Hotelkosten auf <u>566,44 €</u>.

b) Von den anfänglichen 75 € werden zunächst pro Person 23,50 € für den Klettergarten ausgegeben; es verbleibt:

$$75 \,€ - 2 \cdot 23,50 \,€ = 28 \,€$$

Teilt man den verbleibenden Betrag durch die Kosten pro Fahrkarte, ergibt sich deren Anzahl:

$$28 \,€ : 5,70 \,€ = 4,91$$

Es können also noch maximal <u>4</u> Fahrkarten gekauft werden.

Lösungen B II

3. Die grau gefärbte Fläche setzt sich aus zweimal der Fläche A_D des Dreiecks im Inneren und viermal der Fläche A_P eines Parallelogrammes zusammen. Ein Dreieck im Inneren ist dabei ein Viertel der Fläche des Quadrates, sodass gilt:

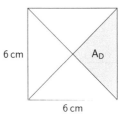

$$A_D = \frac{1}{4} \cdot A_{Quadrat}$$
$$= \frac{1}{4} \cdot (6\,cm)^2$$
$$= 9\,cm^2$$

Mithilfe des Satz des Pythagoras kann die Höhe eines der Parallelogramm berechnet werden:

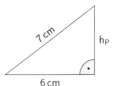

$$h_P^2 + (6\,cm)^2 = (7,5\,cm)^2 \quad | -36\,cm^2$$
$$\Longleftrightarrow \qquad h_P^2 = 20,25\,cm^2 \quad | \sqrt{}$$
$$\Longleftrightarrow \qquad h_P = 4,5\,cm$$

Damit kann nun der Flächeninhalt eines Parallelogramms berechnet werden:

$$A_P = 6\,cm \cdot 4,5\,cm$$
$$= 27\,cm^2$$

Schließlich ergibt sich der Flächeninhalt der gesamten grauen Fläche:

$$\underline{A_{Ges}} = 4 \cdot A_P + 2 \cdot A_D$$
$$= 4 \cdot 27\,cm^2 + 2 \cdot 9\,cm^2$$
$$= \underline{126\,cm^2}$$

4. a) Ein Jahr mieten des Akkus kostet 800 €. Für 2 Jahre gilt dann:

$$2 \cdot 800\,€ = 1\,600\,€$$

Für den gegeben Betrag von 4 000 € ergibt sich eine Mietzeit von

$$4\,000\,€ : 800\,€ = 5\,Jahre$$

Und für acht Jahre gilt schließlich:

$$8 \cdot 800\,€ = 6\,400\,€$$

Die ausgefüllte Tabelle lautet damit:

Mietzeit in Jahren	2	**5**	8	12
Miete für den Akku in €	**1 600**	4 000	**6 400**	9 600

b) Für die Darstellung des funktionalen Zusammenhangs können die Wertepaare aus Teilaufgabe a) verwendet werden:

(**Hinweis:** Die Darstellung ist nicht maßstabsgetreu, da sie für den Buchdruck skaliert wurde.)

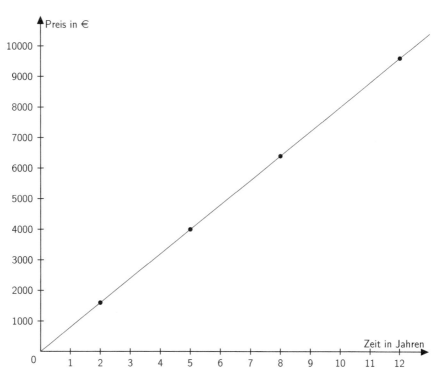

c) Der Preis für Angebot A ist fix, bleibt also auch bei einer geplanten Nutzung von neun Jahren bei 29860 €. Für Angebot B wird zum angegebenen Grundpreis der Mietpreis für neun Jahre Miete des Akkus addiert:

$$21\,460\,€ + 9 \cdot 800\,€ = 28\,660\,€$$

Da 28 660 € weniger als 29 860 € ist, wäre bei einer geplanten Nutzung von neun Jahren das Angebot B das günstigere.

1. Löse folgende Gleichung.

   $12 \cdot (1{,}3x + 10{,}4) - 3 \cdot (2x - 3) = (8{,}1x + 2 \cdot 7{,}2) : 0{,}2$ (4 Pkt.)

2. Die Tabelle zeigt die Menge der verschiedenen Abfallarten in Deutschland in den Jahren 2012 und 2016.

Arten von Abfall in Deutschland in Millionen Tonnen		
	2012	2016
Abfälle aus Privathaushalten	?	54
Abfälle von Bauarbeiten	199	?
Abfälle aus der Produktion	54	58
Sonstige Abfälle	78	
Gesamtmenge		?

Daten nach: www.destatis.de

   a) Bei den Abfällen von Bauarbeiten gab es von 2012 bis 2016 eine Zunahme von 11,5 %. Bestimme die Menge der Abfälle von Bauarbeiten im Jahr 2016 in Millionen Tonnen.

   b) Die Abfallmenge aus Privathaushalten erhöhte sich von 2012 bis 2016 um 8 %. Gib die Menge der Abfälle aus Privathaushalten im Jahr 2012 in Millionen Tonnen an.

   c) Im Jahr 2016 stammten rund 14 % aller Abfälle aus der Produktion. Ermittle die gesamte Abfallmenge in Millionen Tonnen für das Jahr 2016.

   (4 Pkt.)

3. Zeichne in ein Koordinatensystem (Einheit 1 cm) die Punkte A (− 2 | − 1) sowie B (3 | 2) und verbinde sie zur Strecke [AB].

   Hinweis zum Platzbedarf: x-Achse von −3 bis 5, y-Achse von −3 bis 5

   a) Ergänze [AB] zum gleichseitigen Dreieck ABC und beschrifte es.

   b) Zeichne die Mittelsenkrechte zu [AB]. Beschrifte den Schnittpunkt dieser Mittelsenkrechten und der Strecke [AB] mit M.

   c) Die Strecke [BM] ist eine Seite des Quadrats BMDE.

   Zeichne dieses Quadrat und beschrifte es.

   (4 Pkt.)

Fortsetzung nächste Seite

4. Die Kante b des dargestellten Quaders hat eine Länge von 12 cm, die eingezeichnet Diagonale d eine Länge von 17 cm und seine grau markierte Seitenfläche einen Flächeninhalt von 96 cm².

Berechne die Oberfläche des Quader.

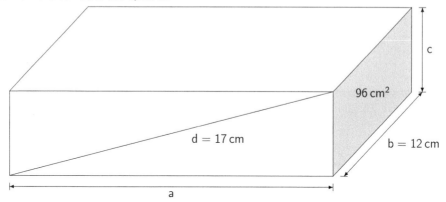

c

96 cm²

d = 17 cm

b = 12 cm

a

Hinweis: Skizze nicht maßstabsgetreu

Quelle: StMUK

(4 Pkt.)

1. Die Gleichung wird zunächst ausmultipliziert, dann umgeformt und schließlich gelöst.

$$12 \cdot (1{,}3x + 10{,}4) - 3 \cdot (2x - 3) = (8{,}1x + 2 \cdot 7{,}2) : 0{,}2 \qquad \text{(ausklammern/teilen)}$$
$$\Longleftrightarrow \qquad 15{,}6x + 124{,}8 - 6x + 9 = 40{,}5x + 72 \qquad \text{(zusammenfassen)}$$
$$\Longleftrightarrow \qquad 9{,}6x + 133{,}8 = 40{,}5x + 72 \qquad | - 133{,}8$$
$$\Longleftrightarrow \qquad 9{,}6x = 40{,}5x - 61{,}8 \qquad | - 40{,}5x$$
$$\Longleftrightarrow \qquad -30{,}9x = -61{,}8 \qquad | : (-30{,}9)$$
$$\Longleftrightarrow \qquad \underline{x = 2}$$

2. a) Da eine Zunahme von 11,5 % vorliegt, sind es 2016 111,5 % im Vergleich des Wertes von 2012.

   Gegeben: Grundwert (G) = 199 (Mio. Tonnen); Prozentsatz (p) = 111,5 %

   Gesucht: Prozentwert (P)

   Lösung mit Dreisatz: **Lösung durch Formel:**

   Prozent | Mio. Tonnen

100 % ≙ 199	$\mid : 100$
1 % ≙ 1,99	$\mid \cdot 111{,}5$
111,5 % ≙ 221,885 ≈ 222	

   $$P = \frac{p \cdot G}{100}$$
   $$= \frac{111{,}5 \cdot 199}{100} = 221{,}885 \approx 222$$

   Die Menge der Bauabfälle im Jahr 2016 betrug etwa <u>222 Mio. t</u>.

   b) Nun ist der Wert von 2016 gegeben, der 108 % im Vergleich des Wertes von 2012 entspricht.

   Gegeben: Prozentwert (P) = 54 (Mio. Tonnen); Prozentsatz (p) = 108 %

   Gesucht: Grundwert (G)

   Lösung mit Dreisatz: **Lösung durch Formel:**

   Prozent | Mio. Tonnen

108 % ≙ 54	$\mid : 108$
1 % ≙ 0,5	$\mid \cdot 100$
100 % ≙ 50	

   $$G = \frac{P \cdot 100}{p}$$
   $$= \frac{54 \cdot 100}{108} = 50$$

   Im Jahr 2012 stammten <u>50 Mio. t</u> Abfälle aus Privathaushalten.

   c) Die 58 Mio. t Abfälle aus der Industrie entsprechen 14 % darüber kann die gesamte Abfallmenge in diesem Jahr bestimmt werden:

   Gegeben: Prozentwert (P) = 58 (Mio. Tonnen); Prozentsatz (p) = 14 %

   Gesucht: Grundwert (G)

   Lösung mit Dreisatz: **Lösung durch Formel:**

   Prozent | Mio. Tonnen

14 % ≙ 58	$\mid : 14$
1 % ≙ $\dfrac{58}{14}$	$\mid \cdot 100$
100 % ≙ 414,286 ≈ 414	

   $$G = \frac{P \cdot 100}{p}$$
   $$= \frac{58 \cdot 100}{14} = 414{,}286 \approx 414$$

   Die gesamte Abfallmenge im Jahr 2016 belief sich auf etwa <u>414 Mio. t</u>.

3. Zunächst wird ein Koordinatensystem mit einer x-Achse von –3 bis 5 und einer y-Achse von –3 bis 5 gezeichnet. In dieses können nun die Punkte A (– 2 | – 1) und B (3 | 2) eingezeichnet und zur Strecke [AB] verbunden werden.

a) Um das gleichseitige Dreieck ABC zu zeichnen, wird die Länge der Strecke [AB] in die Zirkelspanne genommen und jeweils von A und B abgetragen. Wo sich die beiden Abtragungen schneiden, liegt der Punkt C. Dieser kann nun markiert und dann das Dreieck ABC eingezeichnet werden.

b) Nimmt man ein Maß in die Zirkelspanne, welches zwischen der halben und der ganzen Länge der Strecke [AB] liegt, kann jeweils vom Punkt A und vom Punkt B abgetragen werden. Die beiden Kreise schneiden sich in zwei Punkten. Durch diese Punkte verlaufend kann nun die Mittelsenkrechte von [AB] eingezeichnet werden. Der Schnittpunkt der Mittelsenkrechte mit [AB] ist der Punkt M.

c) Mit der Länge von [MB] als Seitenlänge des Quadrates in der Zirkelspanne kann von Punkt M aus abgetragen werden. Der Schnittpunkt der Abtragung mit der Mittelsenkrechten aus Aufgabe b) ist der Punkt D des Quadrates. Trägt man die gleiche Länge erneut von B und D ab, ergibt sich als Schnittpunkt schließlich der vierte Eckpunkt E.

Komplette Zeichnung:

(**Hinweis:** Die Zeichnung ist nicht maßstabsgetreu, da sie für den Buchdruck skaliert wurde.)

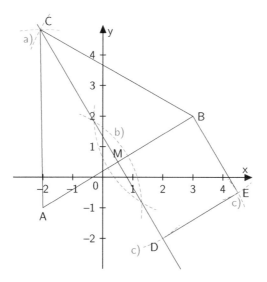

4. Aus der Fläche des grau markierten Rechtecks und der Länge der Seite b kann die Länge c (Höhe des Quaders) bestimmt werden:

$$b \cdot c = 96 \, \text{cm}^2$$
$$\Longleftrightarrow \quad 12 \, \text{cm} \cdot c = 96 \, \text{cm}^2 \qquad | : (12 \, \text{cm})$$
$$\Longleftrightarrow \quad c = 8 \, \text{cm}$$

96 cm²   c

b = 12 cm

Im Dreieck mit der Diagonale d, kann dann mithilfe des Satz des Pythagoras die Länge a bestimmt werden:

$$a^2 + c^2 = d^2 \qquad\qquad |-c^2$$
$$\Longleftrightarrow \qquad a^2 = (17\,\text{cm})^2 - (8\,\text{cm})^2 \qquad |\sqrt{}$$
$$\Longleftrightarrow \qquad a = 15\,\text{cm}$$

Mit den ermittelten Kantenlängen des Quaders kann schließlich die Oberfläche berechnet werden:

$$A = 2 \cdot (a \cdot b + a \cdot c + b \cdot c)$$
$$= 2 \cdot (15\,\text{cm} \cdot 12\,\text{cm} + 15\,\text{cm} \cdot 8\,\text{cm} + 12\,\text{cm} \cdot 8\,\text{cm})$$
$$= \underline{792\,\text{cm}^2}$$

1. Der Preis der abgebildeten Artikel wurde heruntergesetzt.

Berechne die in der Tabelle fehlenden Werte.

	Kühlschrank	Waschmaschine 	Mikrowellengerät 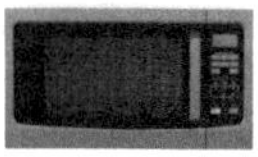
alter Preis	420 €	600 €	_____ €
Preisnachlass	−10 %	−_____ %	−20 %
neuer Preis	_____ €	570 €	160 €

(1,5 Pkt.)

2. In diesem magischen Quadrat soll die Summe der drei Zahlen in jeder Spalte, Zeile und Diagonale immer gleich sein. Ergänze die fehlenden Zahlen.

0,5		0,3
	0,6	
0,9	0,2	

(1 Pkt.)

Fortsetzung nächste Seite

2021

3. Ordne den genannten Gegenständen die realistische Größenangabe zu.

Kreuze an.

a) Ein Schuh der Schuhgröße 40 hat eine Länge von ungefähr

  ☐   ☐   ☐
14 cm.   25 cm.   47 cm.

b) Der Papierkorb hat ein Volumen von ungefähr

  ☐   ☐   ☐
18 Liter.   220 dm^3.   0,3 m^3.

c) Die Tischfläche hat einen Flächeninhalt von ungefähr

  ☐   ☐   ☐
500 cm^2.   5 m^2.   50 dm^2.

Quelle: lern.de

(1,5 Pkt.)

4. Setze korrekt ein ($>$ oder $<$ oder $=$).

  a) 4^2 ☐ $\sqrt{169}$

  b) $3,4 \cdot 10^{-2}$ ☐ $0,034$

  c) $\dfrac{2}{4}$ ☐ $\dfrac{3}{7}$

(1,5 Pkt.)

Fortsetzung nächste Seite

5.　a) Ergänze die fehlenden Rechenanweisungen.

$$36x + 24 + 7x = 3x + 90 - 16 + 20x$$
$$43x + 24 = 23x + 74 \qquad |_____$$
$$43x = 23x + 50 \qquad |-23x$$
$$20x = 50 \qquad |_____$$
$$x = 2{,}5$$

b) Ergänze die fehlenden Zeilen der Gleichung.

$$_____ = _____ \qquad |+8x$$
$$5x - 15 = -5 \qquad |+15$$
$$_____ = _____ \qquad |:5$$
$$x = 2$$

(2 Pkt.)

6.　Von einem Viereck sind drei Winkel bekannt:

$\alpha = 70°, \beta = 110°, \gamma = 70°, \delta = ?$

a) Bestimme den fehlenden Winkel δ.

$\delta = _____$

b) Kreuze an, um welches Viereck es sich <u>nicht</u> handelt.

☐ Trapez
☐ Parallelogramm
☐ Quadrat

(1 Pkt.)

Fortsetzung nächste Seite

7. Der Buchstabe C wird aus halbkreisförmigen und geraden Linien erstellt. Berechne den Flächeninhalt des Buchstabens. Rechne mit π = 3:

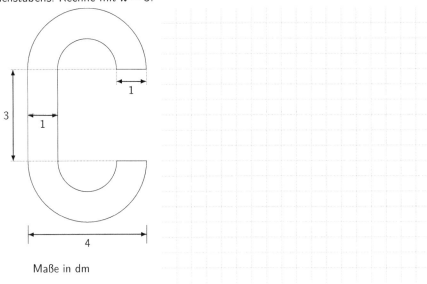

Maße in dm

Quelle: StMUK   (2 Pkt.)

8. Am Dienstag, den 7. Juli 2020 erhielt Maria den Anruf, dass sie am 27. Juli 2020 ihren Ausbildungsvertrag unterschreiben kann. Welcher Wochentag war das?

Der 27. Juli 2020 war ein _____.   (1 Pkt.)

9. In ein Quadrat ist ein Kreis mit einem Umfang von 60 cm eingezeichnet (siehe Skizze).

Kreuze die jeweils zutreffende Aussage an. Rechne mit π = 3.

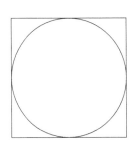

		richtig	**falsch**
a)	Der Flächeninhalt des Kreises beträgt etwa $\frac{1}{4}$ des Flächeninhalts des Quadrats.	☐	☐
b)	Der Radius des Kreises beträgt etwa 10 cm.	☐	☐
c)	Der Flächeninhalt des Quadrats beträgt etwa 400 cm².	☐	☐

(1,5 Pkt.)

Fortsetzung nächste Seite

10. Nur eine der gegebenen Maßeinteilungen passt zum dargestellten Gefäß. Kreuze die passende Maßeinteilung an.

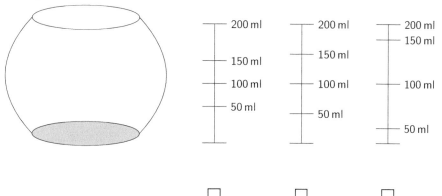

☐ ☐ ☐

Quelle: StMUK   (1 Pkt.)

11. Bei einer Umfrage gaben 240 Schülerinnen und Schüler ihre Wünsche für den Pausenverkauf an.

	Schinken-semmel	Körner-stange	Nuss-schnecke	Käse-semmel	Butter-breze
Anzahl der Nennungen	60	30	50	40	60

Kreuze an, welches Diagramm die Anzahl der Nennungen am genauesten darstellt.

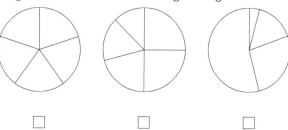

☐ ☐ ☐

(1 Pkt.)

Fortsetzung nächste Seite

12. Der abgebildete Blauwal hat eine Länge von etwa 24 m. Ermittle die ungefähre Länge des abgebildeten Orcas und begründe dein Vorgehen.

Hinweis: maßstabsgetreue Darstellung

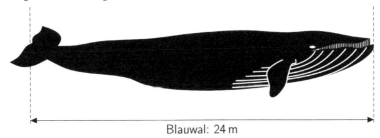

Blauwal: 24 m

Orca: _____ m

(1 Pkt.)

1. Zur Berechnung der fehlenden Werte in der Tabelle kann jeweils der Dreisatz oder die Formel verwendet werden.

Kühlschrank: Mit 10 % Preisnachlass, müssen noch 100 % − 10 % = 90 % des alten Preises bezahlt werden:

Lösung mit Dreisatz:

Prozent	Euro	
100 % ≙ 420 €	| : 100
1 % ≙ 4,20 €	| · 90
90 % ≙ 378 €	

Lösung durch Formel:
geg.: Grundwert (G) = 420 €;
Prozentsatz (p) = 90 %
ges.: Prozentwert (P)

$$P = \frac{p \cdot G}{100} = \frac{420 \cdot 90}{100} = 378$$

Waschmaschine: Zunächst wird der Prozentsatz des neuen Preises bestimmt:

Lösung mit Dreisatz:

Prozent	Euro	
100 % ≙ 600 €	| : 100
1 % ≙ 6 €	| · 95
95 % ≙ 570 €	

Lösung durch Formel:
geg.: Grundwert (G) = 600 €;
Prozentwert (P) = 570 €
ges.: Prozentsatz (p)

$$p = \frac{P \cdot 100}{G} = \frac{570 \cdot 100}{600} = 95$$

Der neue Preis entspricht 95 % des alten Preises. Demnach wurde ein Preisnachlass von 100 % − 95 % = 5 % gewährt.

Mikrowelle: Da 20 % Rabatt gewährt wurden, entspricht der neue Preis von 160 € also 100 % − 20 % = 80 % des alten Preises:

Lösung mit Dreisatz:

Prozent	Euro	
80 % ≙ 160 €	| : 80
1 % ≙ 2 €	| · 100
100 % ≙ 200 €	

Lösung durch Formel:
geg.: Prozentwert (P) = 160 €;
Prozentsatz (p) = 80 %
ges.: Grundwert (G)

$$G = \frac{P \cdot 100}{p} = \frac{160 \cdot 100}{80} = 200$$

Die vollständige Tabelle ist also:

	Kühlschrank	Waschmaschine	Mikrowellengerät
alter Preis	420 €	600 €	200 €
Preisnachlass	−10 %	−5 %	−20 %
neuer Preis	378 €	570 €	160 €

2. Aus der Diagonale von links unten nach rechts oben kann zunächst die gesuchte Summe gefunden werden:

$$0,9 + 0,6 + 0,3 = 1,8$$

Demnach muss die Summe jeder Spalte, Zeile und Diagonale stets 1,8 ergeben. Für die fehlenden Zahlen wird nun jeweils eine Spalte, Zeile oder Diagonale gesucht, in der bereits zwei Zahlen vorhanden sind, sodass die dritte ermittelt werden kann. Für die erste Zeile gilt:

$$0,5 + x + 0,3 = 1,8$$

$$x = 1{,}8 - 0{,}5 - 0{,}3 = 1$$

Für die dritte Zeile gilt außerdem:

$$0{,}9 + 0{,}2 + x = 1{,}8$$
$$x = 1{,}8 - 0{,}9 - 0{,}2 = 0{,}7$$

Trägt man die gefundenen Zahlen bis hierhin ein, ist:

0,5	1	0,3
	0,6	
0,9	0,2	0,7

Entsprechend kann in der ersten und dritten Spalte nun noch die jeweils fehlende Zahl bestimmt werden:

$$\text{1. Spalte:}\quad 0{,}5 + x + 0{,}9 = 1{,}8$$
$$x = 1{,}8 - 0{,}5 - 0{,}9 = 0{,}4$$

$$\text{3. Spalte:}\quad 0{,}3 + x + 0{,}7 = 1{,}8$$
$$x = 1{,}8 - 0{,}3 - 0{,}7 = 0{,}8$$

Somit ergibt sich das vollständig ausgefüllte magische Quadrat:

0,5	1	0,3
0,4	0,6	0,8
0,9	0,2	0,7

3.   a) Die Länge eines Schuhes kann ungefähr anhand des eigenen Schuhes geschätzt werden (das Ergebnis liegt in der Nähe des gesuchten, auch wenn die Schuhgröße etwas von 40 abweicht). Anhand dessen wird deutlich, dass 14 cm zu klein und 47 cm deutlich zu groß sind. Daher sind <u>25 cm</u> eine realistische Schätzung für die Schuhlänge.

   b) Hier ist es zunächst hilfreich alle Angaben in eine Einheit umzurechnen, um besser vergleichen zu können. Es gilt:

$$18\,\text{Liter} = 18\,\text{dm}^3 \qquad\qquad 220\,\text{dm}^3 \qquad\qquad 0{,}3\,\text{m}^3 = 300\,\text{dm}^3$$

Der Papierkorb ist im Durchmesser etwas länger als der Schuh. Dieser wurde in Teilaufgabe a) auf 25 cm = 2,5 dm geschätzt, sodass der Papierkorb etwa einen Durchmesser von 3 dm hat, also einen Radius $r = 1{,}5$ dm. Die Höhe ist ähnlich lang und kann daher auch auf ca. $h = 3$ dm geschätzt werden. Damit gilt für das Volumen des Papierkorbs:

$$V = \pi \cdot r^2 \cdot h \approx 3 \cdot 1{,}5^2 \cdot 3 = 3 \cdot 2{,}25 \cdot 3 = 9 \cdot 2{,}25 \approx 20$$

Anhand der Schätzungen kommt man zu einem Ergebnis von ca. 20 dm³, sodass von den gegebenen Ergebnissen nur <u>18 Liter</u> ein realistisches Ergebnis ist.

c) Auch hier werden zunächst wieder alle Einheiten umgerechnet:

$$500\,\text{cm}^2 = 5\,\text{cm}^2 \qquad 5\,\text{m}^2 = 500\,\text{dm}^2 \qquad 50\,\text{dm}^2$$

Die Tischplatte wirkt quadratisch und hat eine geschätzte Seitenlänge von etwa 3 Schuhlängen, also ca. $3 \cdot 2{,}5\,\text{dm} = 7{,}5\,\text{dm}$. Für die Fläche des Tisches gilt damit:

$$7{,}5 \cdot 7{,}5 \approx 7 \cdot 7 = 49$$

Gerundet ergibt sich eine geschätzte Fläche von $49\,\text{dm}^2$, was nur zum Ergebnis $\underline{50\,\text{dm}^2}$ passt.

4. a) Es gilt:

$$4^2 = 16 \qquad \sqrt{169} = 13$$

Daher ist $4^2 > \sqrt{169}$.

b) Es gilt:

$$3{,}4 \cdot 10^{-2} = 3{,}4 \cdot 0{,}01 = 0{,}034$$

Demnach ist $3{,}4 \cdot 10^{-2} = 0{,}034$.

c) Hier ist es für den Vergleich am einfachsten, beide Brüche auf einen gemeinsamen Nenner zu bringen:

$$\frac{2}{4} = \frac{2 \cdot 7}{4 \cdot 7} = \frac{14}{28} \qquad \frac{3}{7} = \frac{3 \cdot 4}{7 \cdot 4} = \frac{12}{28}$$

Demnach ist $\frac{2}{4} > \frac{3}{7}$.

5. a) Die Rechenanweisung von Zeile 2 zu Zeile 3 ist gut an der linken Seite der Gleichung zu erkennen, da hier der Term $+24$ verschwindet. Entsprechend wurde -24 gerechnet, was auch zur rechten Seite passt.

Von Zeile 4 zu Zeile 5 verschwindet auf der linken Seite der Faktor 20, weshalb also durch 20 dividiert wurde. Auch dies passt zur rechten Seite, sodass komplettiert also gilt:

$$36x + 24 + 7x = 3x + 90 - 16 + 20x$$
$$43x + 24 = 23x + 74 \qquad\qquad |-24$$
$$43x = 23x + 50 \qquad\qquad |-23x$$
$$20x = 50 \qquad\qquad |:20$$
$$x = 2{,}5$$

b) Durch die Operation $+8x$ gelangt man von der ersten zur zweiten Zeile. Um von der zweiten zur ersten zu gelangen, muss daher $-8x$ gerechnet werden:

2. Zeile: $\qquad 5x - 15 = -5 \qquad\qquad |-8x$

1. Zeile: $\qquad -3x - 15 = -5 - 8x$

Die dritte Zeile kann wie gewohnt durch Anwendung der Rechenanweisung $+15$ aus der zweiten Zeile berechnet werden:

2. Zeile: $\qquad 5x - 15 = -5 \qquad |+15$

3. Zeile: $\qquad 5x = 10$

Die vollständige Umformung lautet also:

$$-3x - 15 = -5 - 8x \qquad | + 8x$$
$$5x - 15 = -5 \qquad | + 15$$
$$5x = 10 \qquad | : 5$$
$$x = 2$$

6.   a) Die Innenwinkelsumme eines Vierecks beträgt 360°. Demnach gilt:

$$\alpha + \beta + \gamma + \delta = 360°$$
$$70° + 110° + 70° + \delta = 360°$$
$$\delta = 360° - 70° - 110° - 70°$$
$$\underline{\underline{\delta = 110°}}$$

   b) Bei einem Quadrat müssen alle Innenwinkel rechte Winkel sein, also 90° groß. Daher kann es sich bei dem Viereck mit den angegebenen Winkeln nicht um ein Quadrat handeln.

7.   Die Fläche des Buchstabens setzt sich zusammen aus dem oberen Halbkreisbogen, einem Rechteck links mit Fläche A_R und dem unteren Halbkreisbogen. Da die beiden Halbkreisbögen in der Fläche A_{HK} gleich sind, gilt:

$$A = 2 \cdot A_{HK} + A_R$$

Die Maße des Rechtecks (siehe Skizze rechts) sind gegeben, sodass die Fläche direkt berechnet werden kann (Maße in dm):

$$A_R = 3 \cdot 1 = 3$$

Die Fläche der halbkreisförmigen Elemente ergibt sich aus der Differenz der Flächen von äußerem und innerem Halbkreis. Der Durchmesser des äußeren Halbkreises ist gegeben zu 4 dm, woraus sich der Radius $r_a = 2$ dm ergibt. Der innere Durchmesser ist der äußere abzüglich zweimal 1 dm für die Strichbreite links und rechts, also $d_i = 2$ dm und damit $r_i = 1$ dm.

Damit ergibt sich die Fläche eines Halbkreisbogens aus der Hälfte (da nur ein halber Kreis) von Differenz von äußerem und innerem Kreis (Maße in dm):

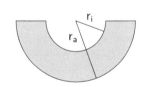

$$A_{HK} = 0{,}5 \cdot (A_a - A_i) = 0{,}5 \cdot (r_a^2 \cdot \pi - r_i^2 \cdot \pi)$$
$$\approx 0{,}5 \cdot (2^2 \cdot 3 - 1^2 \cdot 3) = 0{,}5 \cdot (12 - 3) = 4{,}5$$

Für die Gesamtfläche des Buchstabens gilt daher (Maße in dm):

$$A = 2 \cdot A_{HK} + A_R = 2 \cdot 4{,}5 + 3 = 9 + 3 = 12$$

Der Buchstabe hat einen Flächeninhalt von $\underline{12\,dm^2}$.

8. Eine Woche hat sieben Tage. Wenn der 7. Juli ein Dienstag war, so ist auch der 14. Juli, der 21. Juli und der 28. Juli ein Dienstag. Wenn also der 28. Juli ein Dienstag war, dann war der 27. Juli (ein Tag vorher) also ein **Montag**.

9.   a) Der Flächeninhalt des Quadrates mit Kantenlänge a ist $A_Q = a^2$. Die gleiche Kantenlänge entspricht in der Zeichnung aber dem Durchmesser des Kreises. Demnach hat dieser einen Radius von 0,5a. Für dessen Fläche gilt dann also:

$$A_K = (0,5a)^2 \cdot \pi \approx 0,5^2 \cdot a^2 \cdot 3 = 0,25 \cdot a^2 \cdot 3 = 0,75 \cdot a^2$$

Der Flächeninhalt des Kreises beträgt also etwa $\frac{3}{4}$ des Flächeninhalts des Quadrats. Damit ist die gegebene Aussage **falsch**.

   b) Der Kreis hat einen Umfang von 60 cm. Für den Zusammenhang zwischen Radius und Umfang eines Kreises gilt:

$$u = 2 \cdot r \cdot pi \approx 2 \cdot r \cdot 3 = 6 \cdot r$$
$$r = \frac{1}{6} \cdot u = \frac{1}{6} \cdot 60 = 10$$

Der Radius beträgt etwa 10 cm, die Aussage ist demnach **richtig.**

   c) Wenn der Radius des Kreises bei etwa 10 cm liegt, so hat dieser einen Durchmesser von ca. 20 cm. Dies entspricht auch der Seitenlänge des Quadrates. Das Quadrat hat damit einen Flächeninhalt von ungefähr

$$A_Q = (20\,\text{cm})^2 = 400\,\text{cm}^2.$$

Die Aussage ist demnach **richtig**.

10. Da das Gefäß in der Mitte breiter ist, passt auch mittig die meiste Flüssigkeit hinein. Demnach müssen die Striche auf der Maßeinteilung im mittleren Bereich enger stehen als außen. Dies ist für die **erste** (von links) der drei Maßeinteilungen der Fall.

11. Hier wird mit dem Ausschlussverfahren gearbeitet. Im ersten (von links) der drei Diagramme sind alle Sektoren gleich groß. Das würde bedeuten, dass auch alle Snacks gleichhäufig genannt wurden. Da das nicht der Fall ist, scheidet dieses Diagramm aus.

Das dritte (von links) der drei Diagramme hat nur 4 Sektoren. Da aber 5 verschiedene Snacks betrachtet werden, scheidet dieses Diagramm ebenfalls aus.

Damit stellt das **zweite** (von links) Diagramm die Anzahl der Nennungen am besten dar.

12. Misst man die Länge des Blauwals auf dem Papier, so hat dieser etwa eine Länge von 12 cm. Der Orca hat auf dem Papier etwa eine Länge von 4 cm. Mithilfe des Dreisatzes kann damit die reale Länge des Orcas bestimmt werden:

Länge (Papier) in cm | Länge (real) in m

     Blauwal: 12 cm $\hat{=}$ 24 m | : 12

                 1 cm $\hat{=}$ 2 m | · 4

       Orca: 4 cm $\hat{=}$ 8 m

Der Orca hat also eine Länge von etwa <u>8 m</u>.

Hinweis: In Abhängigkeit der Annahme/Messung für die Längen auf dem Papier sind auch Lösungen im Bereich 7 m-9 m korrekt.

1. Löse folgende Gleichung.

   $3{,}2 \cdot (x + 14{,}5) - 2 \cdot (-0{,}5 + 0{,}3x) = (96x + 5 \cdot 0{,}64) : 8$ (4 Pkt.)

2. Die folgende Tabelle zeigt die weltweiten Tablet-Verkäufe im Jahr 2019.

Weltweite Tablet-Verkäufe im Jahr 2019 in Millionen			
Quartal 1 (Januar - März)	Quartal 2 (April - Juni)	Quartal 3 (Juli - September)	Quartal 4 (Oktober - Dezember)
30,4	32,5	37,6	43,5

Quelle: nach https://de.statista.com vom 26.10.2020

   a) Berechne die durchschnittliche Anzahl der im Jahr 2019 pro Monat verkauften Tablets.

   b) Ermittle, wie viel Prozent aller im Jahr 2019 verkauften Tablets im vierten Quartal verkauft wurden.

   c) Stelle die in der Tabelle angegebenen Werte in einem Kreisdiagramm ($r = 4$ cm) dar.

   (4 Pkt.)

3. Der abgebildete Körper besteht aus einem Quader und zwei identischen Dreiecksprismen.

   Berechne das Volumen des Körpers.

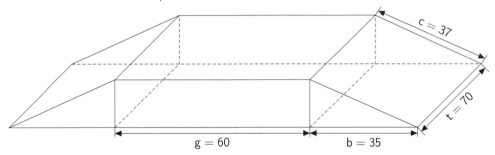

Quelle: StMUK

Hinweis: Skizze nicht maßstabsgetreu; Maße in cm (4 Pkt.)

Fortsetzung nächste Seite

4. Gregor benötigt ein Tablet.

Ein Elektronikfachmarkt erstellt zwei Angebote für das gleiche Modell:

Angebot A (Kauf)	**Angebot B** (Miete)
Preis: 300 €	Einmalige Anzahlung: 50 € Monatliche Miete: 25 €

Quelle: StMUK

a) Bestimme die in der Tabelle fehlenden Werte für das Angebot B:

Mietdauer in Monaten		4	12
Kosten inklusive einmaliger Anzahlung in €	125 €		

b) Stelle den Zusammenhang von Mietdauer und Mietkosten des Tablets aus Angebot B in einem Koordinatensystem graphisch dar.

    Rechtswertachse: 1 cm $\triangleq$ 1 Monat

    Hochwertachse: 1 cm $\triangleq$ 50 €

Hinweis zum Platzbedarf: Rechtswertachse 13 cm, Hochwertachse 8 cm

c) Ermittle, ab wie vielen Monaten Mietdauer (einschließlich der einmaligen Anzahlung) es günstiger ist, sich das Tablet zu kaufen statt es zu mieten. Stelle deinen Lösungsweg nachvollziehbar dar.

(4 Pkt.)

1. Im ersten Schritt werden die Terme in den Klammern vereinfacht. Danach werden diese ausmultipliziert, dann vereinfacht und zusammengefasst und schließlich durch Umformung die Gleichung gelöst.

$$3{,}2 \cdot (x + 14{,}5) - 2 \cdot (-0{,}5 + 0{,}3x) = (96x + 5 \cdot 0{,}64) : 8$$

$\Longleftrightarrow \qquad 3{,}2 \cdot (x + 14{,}5) - 2 \cdot (-0{,}5 + 0{,}3x) = (96x + 3{,}2) : 8$

$\Longleftrightarrow \quad 3{,}2 \cdot x + 3{,}2 \cdot 14{,}5 - 2 \cdot (-0{,}5) - 2 \cdot 0{,}3x = 96x : 8 + 3{,}2 : 8$

$\Longleftrightarrow \qquad\qquad 3{,}2x + 46{,}4 + 1 - 0{,}6x = 12x + 0{,}4$

$\Longleftrightarrow \qquad\qquad\qquad\qquad 2{,}6x + 47{,}4 = 12x + 0{,}4 \qquad\qquad | - 2{,}6x$

$\Longleftrightarrow \qquad\qquad\qquad\qquad\qquad 47{,}4 = 9{,}4x + 0{,}4 \qquad\qquad | - 0{,}4$

$\Longleftrightarrow \qquad\qquad\qquad\qquad\qquad\quad 47 = 9{,}4x \qquad\qquad\qquad | : 9{,}4$

$\Longleftrightarrow \qquad\qquad\qquad\qquad\qquad\quad\; 5 = x$

Die Lösung der Gleichung lautet $\underline{x = 5}$.

2. a) Um die durchschnittlichen Verkäufe pro Monat zu bestimmen, wird die Summe aller Verkäufe durch die Anzahl der Monate geteilt:

$$(30{,}4 + 32{,}5 + 37{,}6 + 43{,}5) : 12 = 144 : 12 = 12$$

Pro Monat wurden durchschnittlich <u>12 Millionen</u> Tablets verkauft.

b) Der Prozentsatz kann mithilfe des Dreisatzes oder der Formel bestimmt werden:

Gegeben: Grundwert (G) = 144 (Millionen); Prozentwert (P) = 43,5 (Millionen)

Gesucht: Prozentsatz (p)

Lösung mit Dreisatz:

Prozent	Millionen
$100\,\%$ $\hat{=}$ 144	$\| : 144$
$\dfrac{100}{144}\,\%$ $\hat{=}$ 1	$\| \cdot 43{,}5$
$30{,}208\,\%$ $\hat{=}$ $43{,}5$	

Lösung durch Formel:

$$p = \frac{P \cdot 100}{G}$$

$$= \frac{43{,}5 \cdot 100}{144} = 30{,}208\,\%$$

Der Anteil der im vierten Quartal verkauften Tablets liegt bei etwa <u>30,21%</u>.

c) Die Gradangaben der einzelnen Sektoren werden mit dem Dreisatz bestimmt, wie beispielhaft für das erste Quartal gezeigt:

Millionen	Grad
144 $\hat{=}$ $360°$	$\| : 144$
1 $\hat{=}$ $\dfrac{360°}{144}$	$\| \cdot 30{,}4$
$30{,}4$ $\hat{=}$ $76°$	

Analog können die restlichen Gradangaben (jeweils auf ganze Grad gerundet) bestimmt werden, sodass gilt:

Quartal 1 (Januar - März)	Quartal 2 (April - Juni)	Quartal 3 (Juli - September)	Quartal 4 (Oktober - Dezember)
30,4	32,5	37,6	43,5
76°	81°	94°	109°

Damit kann nun das Kreisdiagramm erstellt werden:

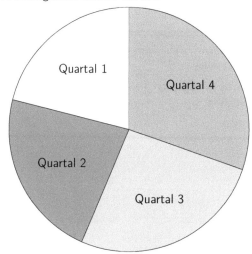

3. Das Gesamtvolumen setzt sich zusammen aus zweimal dem Volumen eines Dreiecksprismas V_D und dem Volumen des Quaders V_Q:

$$V = 2 \cdot V_D + V_Q$$

Zunächst wird das Dreieck betrachtet, welches die Grundseite der Dreiecksprismen darstellt. Von diesem sind bereits zwei Längen, nämlich $b = 35\,cm$ und $c = 37\,cm$ bekannt. Die Länge der dritten Seite kann dann mithilfe des Satzes des Pythagoras bestimmt werden (Längen in cm):

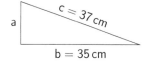

$$a^2 + b^2 = c^2 \qquad |-b^2$$
$$\Longleftrightarrow \qquad a^2 = c^2 - b^2 \qquad |\sqrt{}$$
$$\Longleftrightarrow \qquad a = \sqrt{37^2 - 35^2} = 12$$

Damit kann nun das Volumen eines Dreiecksprismas bestimmt werden (Maße in cm):

$$V_D = A_G \cdot h = (a \cdot b : 2) \cdot t = (12 \cdot 35 : 2) \cdot 70 = 14700$$

Für die Berechnung des Volumens des Quaders sind ebenfalls alle Seitenlängen bekannt (Maße in cm):

$$V_Q = g \cdot a \cdot t = 60 \cdot 12 \cdot 70 = 50400$$

Damit ergibt sich das Gesamtvolumen (Maße in cm):

$$V = 2 \cdot V_D + V_Q = 2 \cdot 14700 + 50400 = 29400 + 50400 = 79800$$

Der Körper hat ein Gesamtvolumen von $\underline{79800\,cm^3}$.

4.　a) In der ersten Spalte sind Gesamtkosten von 125 € angegeben. Davon entfallen 50 € für die einmalige Anzahlung, sodass 75 € für die monatliche Miete fällig sind. Dies entspricht einer Mietdauer von 75 : 25 = 3 Monaten. Für die beiden weiteren Spalten gilt:

$$\text{Mietdauer: 4 Monate} \quad \Rightarrow \quad \text{Kosten:} \quad 50\,€ + 4 \cdot 25\,€ = 150\,€$$
$$\text{Mietdauer: 12 Monate} \quad \Rightarrow \quad \text{Kosten:} \quad 50\,€ + 12 \cdot 25\,€ = 350\,€$$

Komplett ausgefüllte Tabelle:

Mietdauer in Monaten	3	4	12
Kosten inklusive einmaliger Anzahlung in €	125 €	**150 €**	**350 €**

b) Die Datenpunkte ergeben sich jeweils aus der Summe von Anzahlung (50 €) und monatlich zusätzlich 25 € Miete:

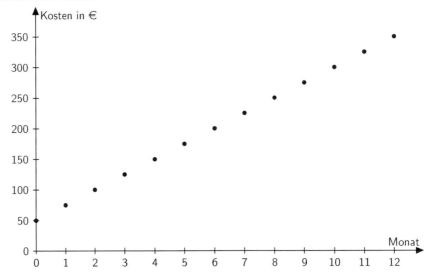

c) Beispielsweise aus der graphischen Darstellung kann entnommen werden, dass der Kaufpreis, welcher sich auf 300 € beläuft, bei der Miete nach 10 Monaten erreicht ist. Nach diesem Zeitpunkt, also **ab dem 11. Monat** ist es günstiger, das Tablet zu kaufen.

1. Im WG-Unterricht wurden insgesamt 190 Mund-Nasen-Bedeckungen in den Farben rot, blau und gelb hergestellt.
   Es wurden 22 rote Mund-Nasen-Bedeckungen mehr angefertigt als blaue. Außerdem waren es doppelt so viele gelbe wie blaue.

   Ermittle nachvollziehbar, wie viele rote, blaue und gelbe Mund-Nasen-Bedeckungen jeweils hergestellt wurden.

   (4 Pkt.)

2. Die Tabelle zeigt die Verteilung der Baumarten innerhalb der gesamten Waldfläche Bayerns im Jahr 2018.

Verteilung der Baumarten innerhalb der gesamten Waldfläche		
Baumart	Fläche in km^2	Anteil
Fichte	11760	?
Kiefer	4760	17 %
Buche	?	14 %
Sonstige Baumarten	7560	
Waldfläche insgesamt	28000	100 %

Quelle: nach: www.stmelf.bayern.de

a) Berechne die Größe der mit <u>Buchen</u> bewachsenen <u>Waldfläche</u>.

b) Berechne den prozentualen Anteil der mit <u>Fichten</u> bewachsenen <u>Waldfläche</u> an der gesamten Waldfläche.

c) Die Größe der mit <u>sonstigen Baumarten</u> bewachsenen <u>Waldfläche</u> ist seit 1950 um 5 % angestiegen.

   Ermittle die Größe der mit <u>sonstigen Baumarten</u> bewachsenen <u>Waldfläche</u> im Jahr 1950.

d) Etwa 40 % der Fläche des Bundeslands Bayern sind mit Wald bedeckt. Bestimme die Größe der Fläche Bayerns in km^2.

(4 Pkt.)

Fortsetzung nächste Seite

3. Berechne den gesamten Flächeninhalt der grau markierten Flächen.

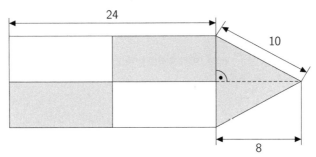

Quelle: StMUK
Hinweise: Skizze nicht maßstabsgetreu; Maße in cm   (4 Pkt.)

4. Ein regelmäßiges Achteck hat eine Seitenlänge von 4cm.

    a) Zeichne dieses regelmäßige Achteck.

    b) Ein Rechteck hat den gleichen Umfang wie das Achteck.

       Gib eine Möglichkeit für die Länge und Breite eines solchen Rechtecks an.

                                                                        (4 Pkt.)

1. Die Anzahl der blauen Mund-Nasen-Bedeckungen (MNB) wird im Folgenden nun als x bezeichnet. Aus dem Text ergeben sich dann die folgenden Informationen:

$$\text{blaue MNB} \triangleq x$$

„Es wurden 22 rote MNB mehr angefertigt als blaue."

$$\text{rote MNB} \triangleq x + 22$$

„Außerdem waren es doppelt so viele gelbe wie blaue."

$$\text{gelbe MNB} \triangleq 2x$$

Da es insgesamt 190 MNB sein sollen, muss die Summe aller Terme gleich 190 sein:

$$
\begin{aligned}
x + (x + 22) + 2x &= 190 \\
\Longleftrightarrow \quad 4x + 22 &= 190 \qquad | - 22 \\
\Longleftrightarrow \quad 4x &= 168 \qquad | : 4 \\
\Longleftrightarrow \quad x &= 42
\end{aligned}
$$

Damit ergeben sich die gesuchten Mengen:

$$
\begin{aligned}
\text{blaue MNB:} \quad & x = \underline{42} \\
\text{rote MNB:} \quad & x + 22 = \underline{64} \\
\text{gelbe MNB:} \quad & 2x = \underline{84}
\end{aligned}
$$

2. a) Der gesuchte Prozentwert kann mithilfe von Dreisatz oder Formel berechnet werden. Die gegebenen Größen können dabei der Tabelle entnommen werden:

Gegeben: Grundwert (G) = 28000 (km^2); Prozentsatz (p) = 14 (%)

Gesucht: Prozentwert (P)

Lösung mit Dreisatz:

Prozent	km^2	
$100\,\%$	$\triangleq 28000$	$| : 100$
$1\,\%$	$\triangleq 280$	$| \cdot 14$
$14\,\%$	$\triangleq 3920$	

Lösung durch Formel:

$$
P = \frac{p \cdot G}{100}
$$
$$
= \frac{14 \cdot 28000}{100} = 3920
$$

$\underline{3920\,km^2}$ der Waldfläche sind mit Buchen bewachsen.

b) Wieder kann mit Dreisatz oder Formel gerechnet werden:

Gegeben: Grundwert (G) = 28000 (km^2); Prozentwert (P) = 11760 (km^2)

Gesucht: Prozentsatz (p)

Lösung mit Dreisatz:

Prozent	km^2	
$100\,\%$	$\triangleq 28000$	$| : 28$
$\frac{100}{28}\,\%$	$\triangleq 1000$	$| \cdot 11{,}76$
$42\,\%$	$\triangleq 11760$	

Lösung durch Formel:

$$
p = \frac{P \cdot 100}{G}
$$
$$
= \frac{11760 \cdot 100}{28000} = 42\,\%
$$

$\underline{42\,\%}$ der gesamten Waldfläche sind mit Fichten bewachsen.

c) Der heutige Wert (Prozentwert P) entspricht $100\,\% + 5\,\% = 105\,\%$ (Prozentsatz p) der Größe im Jahr 1950 (Grundwert G). Für die Ermittlung der ursprünglichen Fläche im Jahr 1950 wird der Dreisatz oder die Formel verwendet:

Lösung mit Dreisatz:

Prozent | km^2

$105\,\% \mathrel{\widehat{=}} 7560 \quad |:105$

$1\,\% \mathrel{\widehat{=}} 72 \quad |\cdot 100$

$100\,\% \mathrel{\widehat{=}} 7200$

Lösung durch Formel:

$$G = \frac{P \cdot 100}{p}$$
$$= \frac{7560 \cdot 100}{105} = 7200$$

Im Jahr 1950 waren <u>7200 km^2</u> Waldfläche von sonstigen Baumarten bewachsen.

d) Hier macht die gesamte Waldfläche von $28000\,\text{km}^2$ (Prozentwert P) also nun $40\,\%$ (Prozentsatz p) der Gesamtfläche Bayerns aus (Grundwert G). Analog zu Aufgabe c) kann dafür Formel oder Dreisatz verwendet werden:

Lösung mit Dreisatz:

Prozent | km^2

$40\,\% \mathrel{\widehat{=}} 28000 \quad |:40$

$1\,\% \mathrel{\widehat{=}} 700 \quad |\cdot 100$

$100\,\% \mathrel{\widehat{=}} 70000$

Lösung durch Formel:

$$G = \frac{P \cdot 100}{p}$$
$$= \frac{28000 \cdot 100}{40} = 70000$$

Demnach hat Bayern also eine Gesamtfläche von <u>70000 km^2</u>.

3. Die gesamte graue Fläche setzt sich zusammen aus zwei Rechtecken und zwei rechtwinkligen Dreiecken:

$$A = 2 \cdot A_R + 2 \cdot A_D$$

Die Länge a der Kathete im rechtwinkligen Dreieck (Vergleich Skizze rechts) kann mithilfe des Satz des Pythagoras bestimmt werden (Maße in cm):

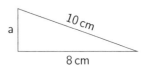

$$a^2 + 8^2 = 10^2 \qquad |-8^2$$
$$\Longleftrightarrow \qquad a^2 = 10^2 - 8^2 \qquad |\sqrt{}$$
$$\Longleftrightarrow \qquad a = \sqrt{100 - 64} = 6$$

Für die Fläche eines rechtwinkligen Dreiecks gilt dann (Maße in cm):

$$A_D = 6 \cdot 8 : 2 = 24$$

Die Fläche eines Rechtecks kann ebenfalls mithilfe der ermittelten Seitenlänge a bestimmt werden:

$$A_R = 12 \cdot 6 = 72$$

Demnach gilt für den Flächeninhalt der grauen Flächen:

$$A = 2 \cdot A_R + 2 \cdot A_D = 2 \cdot 72 + 2 \cdot 24 = 192$$

Die grau markierten Flächen haben einen gesamten Flächeninhalt von <u>192 cm^2</u>.

4.   a) Um das Achteck zeichnen zu können, wird folgenden Schritten gefolgt:

1. Berechnung von Mittelpunkts- und Basiswinkel des Bestimmungsdreiecks. Der Mittelpunktswinkel ergibt sich, da der volle Winkel von 360° auf 8 Winkel (da es ein Achteck ist) aufgeteilt wird, zu $\alpha_M = 360° : 8 = 45°$. Da das Bestimmungsdreieck gleichschenklig ist, sind die beiden Basiswinkel α_B gleich groß. Die Größe eines Basiswinkels ergibt sich dabei aus der Innenwinkelsumme des Dreiecks:

$$\alpha_M + 2\alpha_B = 180°$$
$$\Longleftrightarrow \quad 45° + 2\alpha_B = 180° \qquad |-45°$$
$$\Longleftrightarrow \quad 2\alpha_B = 135° \qquad |:2$$
$$\Longleftrightarrow \quad \alpha_B = 67{,}5°$$

2. Darstellung des Bestimmungsdreiecks. Das Bestimmungsdreieck kann nun gezeichnet werden, indem eine Außenkante des Sechsecks mit der Länge 4 cm gezeichnet wird. Ausgehend davon werden die beiden Basiswinkel abgetragen. Wo sich die beiden dadurch entstandenen Linien schneiden liegt der Mittelpunkt des Achtecks. (Bestimmungsdreieck in der Zeichnung fett hervorgehoben)

3. Der Zirkel kann nun am Mittelpunkt angesetzt und ein Kreis durch die beiden bekannten Eckpunkte des Achtecks gezogen werden. Dies ist der Umkreis des Achtecks und alle weiteren Eckpunkte liegen ebenfalls auf diesem Kreis.

4. In die Zirkelspanne werden nun 4 cm genommen und damit von jedem Eckpunkt abgetragen. Beim Schnitt mit dem Umkreis liegt der nächste Eckpunkt, von dem wieder abgetragen werden kann etc. Dadurch ergeben sich alle Eckpunkte und das endgültige Achteck kann gezeichnet werden.

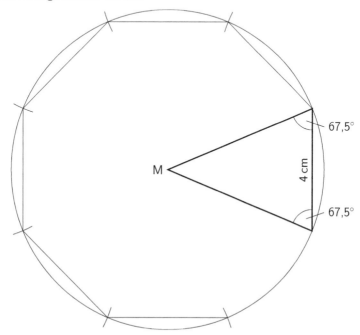

b) Der Umfang des Achtecks beläuft sich auf $8 \cdot 4\,\text{cm} = 32\,\text{cm}$. Ein Rechteck mit den Seitenlängen a und b soll nun den gleichen Umfang haben. Für den Umfang eines Rechtecks gilt (Maße in cm):

$$2 \cdot (a + b) = u$$
$$\Rightarrow \quad 2 \cdot (a + b) = 32 \qquad | : 2$$
$$\Longleftrightarrow \quad a + b = 16$$

Alle möglichen Kombinationen von Seitenlängen, die diese Gleichung erfüllen, wären demnach eine korrekte Antwort. Eine Möglichkeit ist z.B. $\underline{a = 7\,cm}$ und $\underline{b = 9\,cm}$.

1. Löse folgende Gleichung.

   $$\frac{1}{4} \cdot (5x - 18) + \frac{8 + 3x}{4} = 2{,}5 - (2x - 3)$$ (4 Pkt.)

2. Familie Arslan kauft sich ein gebrauchtes Wohnmobil zum Preis von 28 500 €.

   a) Gute Freunde der Familie Arslan nutzen das Wohnmobil mit und bezahlen deshalb ein Fünftel des Kaufpreises.

      Ermittle, wie viel Familie Arslan selbst noch bezahlen muss.

   b) Drei Monate vor dem Kauf hatte der Verkäufer eine Rabattaktion von 8 %. Berechne den Rabatt in Euro und den Betrag, den der Händler beim Verkauf des Wohnmobils erhalten hätte, wenn er auf den Preis von 28 500 € einen Rabatt von 8 % gegeben hätte.

   c) Familie Arslan legt mit ihrem Wohnmobil eine Strecke von 2350 km zurück. Dabei verbraucht es durchschnittlich 13,5 Liter Treibstoff pro 100 km. Berechne die Kosten für die zurückgelegte Strecke bei einem Treibstoffpreis von 1,24 € pro Liter.

      (4 Pkt.)

3. Zeichne in ein Koordinatensystem (Einheit 1 cm) die Punkte A (− 2 | 3) sowie C (2 | − 5) und verbinde sie zur Strecke [AC].

   Hinweis zum Platzbedarf: x-Achse von –4 bis 4, y-Achse von –6 bis 4

   a) Verbinde die Punkte A und C mit dem Punkt B (− 2 | − 2) zu einem Dreieck. Gib an, welches besondere Dreieck entsteht.

   b) Zeichne die Senkrechte zu [AC] durch den Punkt B.

   c) Lege den Punkt D so fest, dass die Raute ABCD entsteht und gib die Koordinaten von D an.

      (4 Pkt.)

Fortsetzung nächste Seite

4. Die Abbildung zeigt ein Werkstück. Die Grund- und Deckfläche sind deckungsgleiche gleichseitige Dreiecke, die Seitenflächen sind Quadrate. Berechne den Oberflächeninhalt dieses Werkstücks.

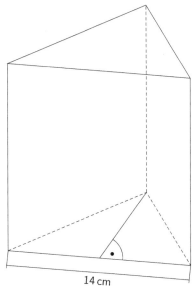

14 cm

Quelle: StMUK
Hinweis: Skizze nicht maßstabsgetreu

(4 Pkt.)

1. Bei der Gleichung werden zunächst die Klammern und Brüche aufgelöst. Anschließend wird zusammengefasst und durch Umformung die Gleichung gelöst.

$$\frac{1}{4}(5x-18)+\frac{8+3x}{4}=2,5-(2x-3)$$

$$\Longleftrightarrow \quad \frac{5}{4}x-\frac{18}{4}+\frac{8}{4}+\frac{3}{4}x=2,5-2x+3$$

$$\Longleftrightarrow \quad 1,25x-4,5+2+0,75x=2,5-2x+3$$

$$\Longleftrightarrow \quad 2x-2,5=-2x+5,5 \qquad |+2x$$

$$\Longleftrightarrow \quad 4x-2,5=5,5 \qquad |+2,5$$

$$\Longleftrightarrow \quad 4x=8 \qquad |:4$$

$$\Longleftrightarrow \quad \underline{x=2}$$

2. a) Für Familien Arslan bleiben noch $\frac{5}{5}-\frac{1}{5}=\frac{4}{5}$ des Kaufpreises zu bezahlen. Dies entspricht einem Geldbetrag von

$$\frac{4}{5}\cdot 28500\,€=0,8\cdot 28500\,€=\underline{22800\,€}$$

b) Der Rabatt (Prozentwert) entspricht 8 % (Prozentsatz) des Kaufpreises von 28500 € (Grundwert). Der Rabatt in € kann mittels Dreisatz oder Formel berechnet werden:

Lösung mit Dreisatz:

Prozent | €
100 % ≙ 28500 | : 100
1 % ≙ 285 | · 8
8 % ≙ 2280

Lösung durch Formel:

$$P=\frac{p\cdot G}{100}$$
$$=\frac{8\cdot 28500}{100}=2280\,€$$

Der Rabatt beläuft sich auf $\underline{2280\,€}$. Demnach hätte der Händler beim Verkauf des Wohnmobils 28500 € − 2280 € = $\underline{26220\,€}$ erhalten.

c) Der Gesamtpreis ergibt sich aus dem Produkt von Strecke, Verbrauch pro Strecke und Kosten pro Liter:

$$2350\,km\cdot\frac{13,5\,\ell}{100\,km}\cdot\frac{1,24\,€}{\ell}=\frac{2350\cdot 13,5\cdot 1,24}{100}\,€=\underline{393,39\,€}$$

3. a) Zunächst wird das Koordinatensystem erstellt. Dabei und auch im Folgenden ist auf eine korrekte Beschriftung der Achsen und Punkte zu achten. Weiterhin werden die Punkte A und C eingezeichnet und verbunden. Anschließend wird Punkt B eingezeichnet und das Dreieck ABC ergänzt. Beispielsweise durch Nachmessen der Seitenlängen des entstandenen Dreiecks wird deutlich, dass es sich um ein gleichschenkliges Dreieck handelt.

b) Da das Dreieck ABC gleichschenklig ist, verläuft die Senkrechte zu [AC] durch B auch durch den Mittelpunkt M_{AC} von [AC], welcher durch Nachmessen ermittelt werden kann. Durch M_{AC} und B kann dann die gesuchte Gerade gezeichnet werden.

c) Damit eine Raute entsteht muss der Abstand von Punkt M_{AC} zu B gleich dem von M_{AC} zu D sein. Dies kann beispielsweise mithilfe eines Zirkels (alternativ rechnerisch, Kästchenzählen etc.) realisiert werden. Es ergibt sich der Punkt $D(2\,|\,0)$.

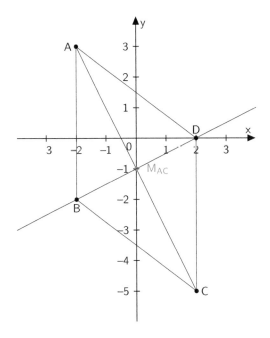

4. Die Oberfläche des Körpers setzt sich zusammen aus zwei identischen Dreiecken A_D und drei identischen Quadraten A_Q. Für den Flächeninhalt eines Quadrates gilt:

$$A_Q = (14\,\text{cm})^2 = 196\,\text{cm}^2$$

Um den Flächeninhalt eines Dreiecks zu bestimmen, wird zunächst dessen Höhe bestimmt. Diese ergibt sich mithilfe des Satzes des Pythagoras im halben Dreieck (Maße in cm):

$$
\begin{aligned}
& h^2 + (14 : 2)^2 = 14^2 && \\
\Longleftrightarrow \quad & h^2 + 7^2 = 14^2 && |-7^2 \\
\Longleftrightarrow \quad & h^2 = 14^2 - 7^2 && |\sqrt{} \\
\Longleftrightarrow \quad & h = \sqrt{147} \approx 12 &&
\end{aligned}
$$

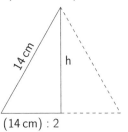

Damit gilt für den Flächeninhalt eines Dreiecks (Maße in cm):

$$A_D = (14 \cdot 12 : 2) = 84$$

Damit ergibt sich die gesamte Oberfläche:

$$O_A = 3 \cdot A_Q + 2 \cdot A_D = 3 \cdot 196\,\text{cm}^2 + 2 \cdot 84\,\text{cm}^2 = \underline{756\,\text{cm}^2}$$

Angaben A

1. Berechne.

   a) $3{,}1 \cdot 17{,}95$

   b) $204{,}3 - 7{,}85$

(2 Pkt.)

2. Alex und Ilona kaufen Zylinder aus Beton.
   Alex kauft einen dicken Zylinder, Ilona zwei dünnere Zylinder.
   Die Höhen der drei Zylinder sind gleich.

   Welcher Einkauf wiegt mehr? Begründe nachvollziehbar. Rechne gegebenenfalls mit $\pi = 3$.

Alex

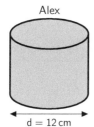

$d = 12\,\text{cm}$

Ilona

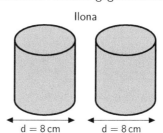

$d = 8\,\text{cm}$ $d = 8\,\text{cm}$

(1,5 Pkt.)

3. Jens hat in der folgenden Rechnung einen Fehler gemacht.
   Unterstreiche den Fehler und erkläre, was er falsch gemacht hat.

   $-2 \cdot (x - 3) = 16$ _____

   $-2x + 6 = 16$ _____

   $-2x = 10$ $10 : (-2) =$

   $x = 5$ $x = -5$

(1 Pkt.)

Fortsetzung nächste Seite

Muster

20

4. Ordne den untenstehenden Aussagen eine mögliche Grafik zu.
   Für eine Aussage ist keine passende Grafik abgebildet.

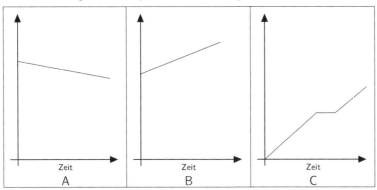

Aussage	Grafik
Umut unternimmt eine Fahrradtour. Nach zwei Stunden macht er eine Pause und fährt danach weiter.	
In einem Schwimmbecken befinden sich 20 000 Liter Wasser. Um das Schwimmbecken vollständig zu füllen, werden stündlich weitere 1 200 Liter eingefüllt.	
Die Temperatur am Morgen beträgt 14 °C, am Mittag 22 °C und am Abend 18 °C.	
In einem Schwimmbecken befinden sich 30 000 Liter Wasser. Jede Minute fließen 30 Liter ab.	

(1,5 Pkt.)

5. Jedes Symbol steht für eine andere Zahl. Ergänze das letzte Ergebnis.

$$♣ + ♣ = 16$$

$$♣ + ♣ - ♥ = 12$$

$$♥ \cdot ♣ + ♠ = 60$$

$$♠ - ♥ = \boxed{}$$

(1 Pkt.)

Fortsetzung nächste Seite

6. Bei einem Würfelspiel wird jeweils eine Spielfigur um genauso viele Felder vorgezogen, wie der sechsseitige Würfel Augen anzeigt.

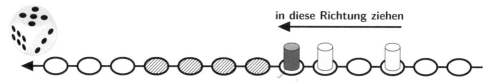

in diese Richtung ziehen

a) Gib an, mit welcher Wahrscheinlichkeit die dunkle Spielfigur eines der schraffierten Felder erreicht.

b) Gib an, wie groß die Wahrscheinlichkeit ist, dass eine der beiden hellen Spielfiguren mit dem nächsten Wurf das Feld mit der dunklen Spielfigur erreichen kann.

(2 Pkt.)

7. Setze eine Zahl so ein, dass eine wahre Aussage entsteht.

a) $\frac{1}{2} \cdot \boxed{} + 5 = -17$

b) $\boxed{} \cdot 1{,}7 + 5 = 1{,}6$

(1 Pkt.)

Fortsetzung nächste Seite

Muster

8. Das dargestellte Netz wird zu einem Würfel gefaltet.
Gib an, welche Seiten einander gegenüberliegen.

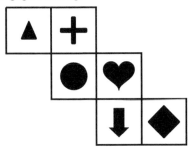

a) Die Seiten ▲ und ☐ liegen sich gegenüber.

b) Die Seiten ✚ und ☐ liegen sich gegenüber.

(2 Pkt.)

9. Die Klasse 9b hat ihre Mathematikarbeit zurückbekommen. Ihr Lehrer hat dazu die folgende Tabelle an die Tafel geschrieben.

a) Ergänze die Tabelle in der letzten Zeile.

Notenschlüssel						
Punkte	48,0 – 41,0	40,5 – 33,0	32,5 – 25,0	24,5 – 16,0	15,5 – 8,0	7,5,0 – 0
Note	1	2	3	4	5	6
Strichliste	|||	卌	卌 卌	卌 ||	||	
Häufigkeit Anzahl						

b) Berechne den Notendurchschnitt der Klasse 9b.

(1 Pkt.)

Fortsetzung nächste Seite

10. Füge in den dargestellten Würfel eine Pyramide mit möglichst großem Volumen ein.

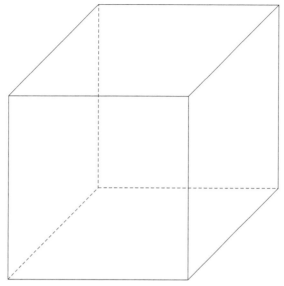

a) Zeichne die Pyramide in die Skizze ein.

b) Berechne das Volumen dieser Pyramide, wenn die Kantenlänge des Würfels 3 cm beträgt.

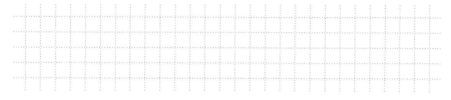

(1,5 Pkt.)

11. Berechne den Winkel α. Es gilt: b = c.

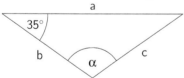

Hinweis: Zeichnung nicht maßstabsgetreu

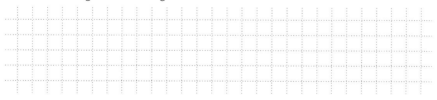

(0,5 Pkt.)

Fortsetzung nächste Seite

Muster

12. Das Bild zeigt eine Treppe.
Auf jeder Treppenstufe liegen ca. 12 cm Schnee.
Wie hoch ist die Treppe?
Begründe rechnerisch.

(1 Pkt.)

1. a) Es wird schriftlich multipliziert:

$$3,1 \cdot 17,95 = 17,95 \cdot 3,1$$
$$53,850$$
$$1,795$$
$$55,645$$

b) Hier kann nun schriftlich subtrahiert werden:

$$204,30$$
$$\underline{-\quad 7,85}$$
$$196,45$$

2. Da die Zylinder die gleiche Höhe haben, unterscheiden sie sich nur in der Grundfläche. Für den großen Zylinder mit $d_g = 12$ cm, also $r_g = 6$ cm gilt für die Grundfläche (Maße in cm):

$$A_g = r_g^2 \cdot \pi \approx 6 \cdot 6 \cdot 3 = 108$$

Für einen kleinen Zylinder mit $d_k = 8$ cm, also $r_k = 4$ cm gilt (Maße in cm):

$$A_k = r_k^2 \cdot \pi \approx 4 \cdot 4 \cdot 3 = 48$$

Die beiden kleinen Zylinder haben daher eine vereinte Grundfläche von $2 \cdot 48 \, \text{cm}^2 = 96 \, \text{cm}^2$, was weniger ist als der große Zylinder. Daher wiegt der Einkauf von Alex mehr.

3. Der Fehler liegt in der Umformung

$$-2x = 10$$
$$x = 5$$

Jens hat beide Seiten der Gleichung durch (-2) dividiert, dabei aber auf der rechten Seite den Vorzeichenwechsel nicht beachtet.

4. „Umut unternimmt eine Fahrradtour. Nach zwei Stunden macht er eine Pause und fährt danach weiter." Die zugehörige Kurve muss demnach erst ansteigen, dann auf dem gleichen Niveau bleiben und dann wieder ansteigen. Dies ist in **Grafik C** gezeigt.

„In einem Schwimmbecken befinden sich 20 000 Liter Wasser. Um das Schwimmbecken vollständig zu füllen, werden stündlich weitere 1200 Liter eingefüllt." Die zugehörige Kurve muss also in einer gewissen Höhe starten (da bereits Wasser im Becken ist) und danach konstant steigen, da weiteres Wasser eingefüllt wird. Dies entspricht **Grafik B**.

„Die Temperatur am Morgen beträgt 14°C, am Mittag 22°C und am Abend 18°C." Die zugehörige Kurve müsste also zunächst ansteigen und ab Mittag wieder abfallen. Dies ist in keinem der abgebildeten Grafiken gezeigt.

„In einem Schwimmbecken befinden sich 30 000 Liter Wasser. Jede Minute fließen 30 Liter ab." Die zugehörige Kurve müsste ebenfalls in einer gewissen Höhe starten und ab dann konstant fallen. Dies ist in **Grafik A** gegeben.

Muster

5. Aus der ersten Zeile ergibt sich der Wert von ♣:

$$♣ + ♣ = 16$$
$$\Longleftrightarrow \quad 2 \cdot ♣ = 16 \qquad | : 2$$
$$\Longleftrightarrow \quad ♣ = 8$$

Der gefundene Wert kann in die zweite Zeile eingesetzt werden:

$$♣ + ♣ - ♥ = 12$$
$$\Rightarrow \quad 8 + 8 - ♥ = 12 \qquad | - 16$$
$$\Longleftrightarrow \quad -♥ = -4 \qquad | \cdot (-1)$$
$$\Longleftrightarrow \quad ♥ = 4$$

Beide Werte werden schließlich in Zeile 3 eingesetzt:

$$♥ \cdot ♣ + ♠ = 60$$
$$\Longleftrightarrow \quad 4 \cdot 8 + ♠ = 60 \qquad | - 32$$
$$\Longleftrightarrow \quad ♠ = 28$$

Damit kann der gesuchte Wert berechnet werden:

$$♠ - ♥ = 28 - 4 = \underline{24}$$

6. a) Die dunkle Spielfigur erreicht eines der schraffierten Felder, wenn eine 1, eine 2, eine 3 oder eine 4 gewürfelt wird. Bei vier der sechs würfelbaren Zahlen wird also eines der schraffierten Felder erreicht. Die zugehörigen Wahrscheinlichkeit ist also

$$p = \frac{4}{6} = \frac{2}{3} \approx 67\,\%$$

b) Mit den Augenzahlen 1 und 3 würde einer der hellen auf dem Feld der dunklen Spielfigur landen. Für die Wahrscheinlichkeit gilt also:

$$p = \frac{2}{6} = \frac{1}{3} \approx 33\,\%$$

7. Als Platzhalter wird x eingesetzt und dann per Umformung ein Wert ermittelt, der eingesetzt werden kann, damit eine wahre Aussage entsteht:

a)

$$\frac{1}{2} \cdot x + 5 = -17 \qquad | - 5$$
$$\Longleftrightarrow \quad \frac{1}{2} \cdot x = -22 \qquad | \cdot 2$$
$$\Longleftrightarrow \quad x = -44$$

Es muss $\underline{-44}$ eingesetzt werden, damit eine wahre Aussage entsteht.

b)

$$x \cdot 1{,}7 + 5 = 1{,}6 \qquad | - 5$$
$$\Longleftrightarrow \qquad x \cdot 1{,}7 = -3{,}4 \qquad | : 1{,}7$$
$$\Longleftrightarrow \qquad x = -2$$

Es muss $\underline{\underline{-2}}$ eingesetzt werden, damit eine wahre Aussage entsteht.

8.

a) Die Seiten ▲ und ♥ liegen sich gegenüber.

b) Die Seiten ✚ und ⬇ liegen sich gegenüber.

9.

a) Die Tabelle kann durch Zählen der Strichliste vervollständigt werden:

Notenschlüssel						
Punkte	48,0 – 41,0	40,5 – 33,0	32,5 – 25,0	24,5 – 16,0	15,5 – 8,0	7,5,0 – 0
Note	1	2	3	4	5	6
Strichliste	|||	⫴⫴	⫴⫴ ⫴⫴	⫴⫴ ||	||	
Häufigkeit Anzahl	3	5	10	7	2	0

b) Um den Durchschnitt zu berechnen, wird die Summe aller Noten durch die Anzahl geteilt:

$$\frac{3 \cdot 1 + 5 \cdot 2 + 10 \cdot 3 + 7 \cdot 4 + 2 \cdot 5 + 0 \cdot 6}{3 + 5 + 10 + 7 + 2 + 0} = \frac{3 + 10 + 30 + 28 + 10}{27} = \frac{81}{27} = 3$$

Der Notendurchschnitt der Klasse 9b liegt bei $\underline{\underline{3}}$.

10.

a) Das maximale Volumen ergibt sich, wenn

- eine der Seitenflächen des Würfels als Grundfläche der Pyramide gewählt wird und

- als Höhe der Pyramide die Seitenlänge des Würfels verwendet wird, indem die Spitze auf der gegenüberliegenden Seite der Grundfläche platziert wird

Eine Möglichkeit wäre:

Muster

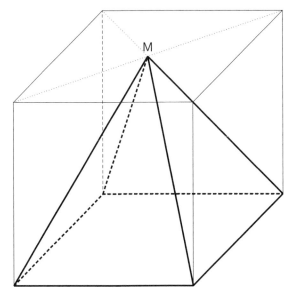

b) Die Grundfläche der Pyramide ist in diesem Fall ein Quadrat mit Kantenlänge 3 cm. Die Höhe der Pyramide beträgt ebenfalls 3 cm. Für das Volumen gilt daher (Maße in cm):

$$V = \frac{1}{3} \cdot G \cdot h = \frac{1}{3} \cdot (3 \cdot 3) \cdot 3 = 9$$

Die Pyramide hat ein Volumen von 9 cm³.

11. Wenn b = c ist, handelt es sich um ein gleichschenkliges Dreieck, bei dem also beide Basiswinkel 35° groß sind. Die Größe des Winkels α kann dann über die Innenwinkelsumme des Dreiecks bestimmt werden:

$$35° + 35° + \alpha = 180° \qquad | -70°$$
$$\Longleftrightarrow \qquad \alpha = 110°$$

12. Anhand der 12 cm kann die Höhe einer Treppenstufe auf 15 cm bis 20 cm geschätzt werden. Insgesamt liegen 15 Treppenstufen vor. Die Gesamthöhe der Treppe ergibt sich also:

$$15 \cdot 15 \, \text{cm} = \underline{225 \, \text{cm}} \quad \text{bis} \quad 15 \cdot 20 \, \text{cm} = \underline{300 \, \text{cm}}$$

1. Gleichungen

   a) Löse die Gleichung.
   $$18x - 32{,}5 - (12x - 87{,}5) = 9 \cdot (8x - 6) + (6x + 7) : 0{,}25$$

   b) Stelle eine Gleichung auf, die den folgenden Sachverhalt korrekt und vollständig darstellt. In der Gleichung darf nur eine Unbekannte vorkommen. Die Gleichung muss nicht gelöst werden. Für die Neueröffnung eines Fanshops werden insgesamt 600 neue Artikel geliefert. Es handelt sich dabei um Trikots, Schals und Fahnen. Es werden dreimal so viele Schals wie Trikots geliefert und 100 Fahnen weniger als Schals.

   (6 Pkt.)

2. Berechne den Flächeninhalt der grauen Figur.

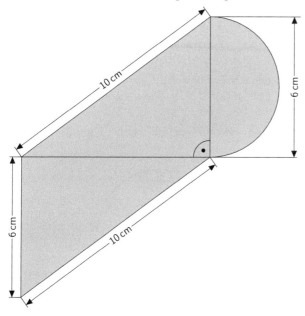

Skizze nicht maßstabsgetreu

(4 Pkt.)

Fortsetzung nächste Seite

3. Mit Hilfe einer Strichliste wurden die Ergebnisse mehrerer Würfe mit einem sechsseitigen Würfel gezählt.

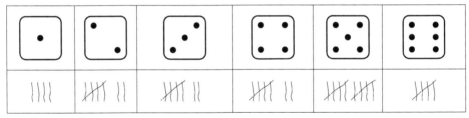

a) Gib das Ereignis E: „ungerade Zahl" in Mengenschreibweise an.

b) Ermittle die relative Häufigkeit in Prozent, mit der eine gerade Zahl gewürfelt wurde.

c) Karl stellt fest, dass die Fünf doppelt so häufig gewürfelt wurde wie die Sechs.

Er behauptet: „Nach 1000 Würfen wird dies wahrscheinlich nicht mehr so sein." Erkläre, warum Karl recht hat.

d) Bei einer Verlosung gewinnt man, wenn das Ergebnis eine Eins ist. Dabei kann man wählen, ob man die Eins mit dem dargestellten Glücksrad oder einem sechsseitigen Würfel erzielen möchte.

Bestimme jeweils die Wahrscheinlichkeit und begründe, bei welcher Form der Verlosung die Gewinnchance größer ist.

 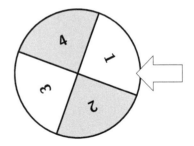

(4 Pkt.)

4. Zeichne die Punkte $A(1|1)$ und $B(6|1)$ in ein Koordinatensystem (Einheit 1 cm) und verbinde sie zur Strecke $\overline{AB}$.
Hinweis zum Platzbedarf: x-Achse von –1 bis 8, y-Achse von –4 bis 9.

a) Die Strecke $\overline{AB}$ ist eine Seite des regelmäßigen Fünfecks ABCDE. Zeichne dieses Fünfeck.

b) Zeichne mit Hilfe der Mittelsenkrechten der Strecke $\overline{AB}$ eine beliebige Raute AFBG.

(4 Pkt.)

Fortsetzung nächste Seite

5. Zwei Banken bieten Sparkonten für Jugendliche an.

Comfortbank - Jugendsparkonto	**Starbank** - Startkonto
bis zu einem Kapital von 2 500 € 1 % Zinsen pro Jahr	für alle unter 18 Jahren tolle Zinsen

a) Herr Huber legt für seine 17-jährige Tochter 700 € für zwei Jahre bei der Comfortbank an. Berechne, wie viel Geld sie nach zwei Jahren auf ihrem Konto hat.

b) Frau Özdimir hat bei der Starbank 300 € für ihren 16-jährigen Sohn angelegt. Nach 6 Monaten ist dieses Kapital auf 301,20 € angewachsen. Berechne, welche Bank den höheren Zinssatz anbietet. (3 Pkt.)

6. Ein Wassertropfen hat ein Volumen von $5 \cdot 10^{-5}$ Liter.

a) Überprüfe rechnerisch, wie viele Wassertropfen in eine Regentonne mit 210 Liter Fassungsvermögen passen.

b) Der Wasserhahn am Sportplatz tropft regelmäßig alle vier Sekunden. Der Platzwart behauptet, dass dies kein Problem ist, da dadurch im Jahr nur zehn Liter Wasser verschwendet werden. Hat der Platzwart recht? Begründe rechnerisch. (3 Pkt.)

7. Die Tabelle zeigt, wie viel CO_2 eine Person in Deutschland durchschnittlich in einem Jahr versursacht.

Lebensbereiche	CO_2-Ausstoß eines deutschen Durchschnittsbürgers pro Jahr	
	Menge	Anteil
Flugreisen	580 kg	?
öffentl. Emissionen*	696 kg	
Strom + Heizung	2 552 kg	22 %
Verkehr		14 %
Ernährung	?	16 %
sonstiger Konsum**	4 292 kg	37 %
Gesamt	11 600 kg	100 %

* z. B. Wasserversorgung und -entsorgung, Abfallbeseitigung;
** Bekleiding, Haushaltsberäte, Freizeitaktivitäten
Nach: Bundesumweltministerium, 2019

a) Berechne, wie viel Prozent des CO_2-Ausstoßes durch Flugreisen verursacht werden.

b) Ermittle den CO_2-Ausstoß in Kilogramm, der auf den Bereich Ernährung entfällt.

c) Linus sagt: „Wenn jeder in Deutschland im Bereich Strom und Heizung ein Viertel einspart, verringert sich der CO2-Ausstoß um etwas mehr als 5 %." Hat Linus recht? Begründe.

d) Eine Zeitung berichtet: Bei Halbierung des CO_2-Wertes im Bereich „sonstiger Konsum" halbiert sich auch der prozentuale Anteil auf 18,5 %. Stimmt diese Aussage? Begründe. (4 Pkt.)

Fortsetzung nächste Seite

Muster

8. a) Der Heuvorrat eines Reitstalles mit acht Pferden reicht für 15 Tage.
   Wie lange reicht der Vorrat, wenn sich die Anzahl der Pferde ändert? Berechne die fehlenden Werte.

Anzahl Pferde	**?**	4	5	8
Anzahl Tage	40	30	**?**	15

   b) Der Reitstall hat für Jugendliche zwei unterschiedliche Angebote.

   Angebot 1:

   4 Stunden sind im monatlichen Grundbetrag von 36 € enthalten.
   Jede weitere Stunde kostet 8 €

   Angebot 2:

   Jede Stunde kostet 8,50 €

   Jana möchte 10 Stunden im Monat reiten.
   Begründe, welches Angebot für sie am günstigsten ist.

   c) Die Pferde fressen zusammen täglich 50 kg Kraftfutter.
   Der Futtervorrat beträgt am Montagmorgen 0,5 t.
   Am Freitagabend werden 200 kg Kraftfutter geliefert.
   Stelle für Montag bis Sonntag dieser Woche in einem Säulendiagramm dar, wie viel Kraftfutter täglich vor der ersten Fütterung vorhanden ist.

   Hochwertachse: 1 cm $\triangleq$ 50 kg
   Rechtswertachse: Säulenbreite: 1 cm
                      Abstand zwischen den Säulen: 0,5 cm

   (4 Pkt.)

1. a) Im ersten Schritt werden die Terme in den Klammern vereinfacht. Danach werden diese ausmultipliziert, dann vereinfacht und zusammengefasst und schließlich durch Umformung die Gleichung gelöst.

$$18x - 32{,}5 - (12x - 87{,}5) = 9 \cdot (8x - 6) + (6x + 7) : 0{,}25$$

$$\Longleftrightarrow \quad 18x - 32{,}5 - 12x + 87{,}5 = 72x - 54 + (6x + 7) : 0{,}25$$

$$\Longleftrightarrow \quad 6x + 55 = 72x - 54 + 6x : 0{,}25 + 7 : 0{,}25$$

$$\Longleftrightarrow \quad 6x + 55 = 72x - 54 + 24x + 28$$

$$\Longleftrightarrow \quad 6x + 55 = 96x - 26 \qquad | - 96x$$

$$\Longleftrightarrow \quad -90x + 55 = -26 \qquad | - 55$$

$$\Longleftrightarrow \quad -90x = -81 \qquad | : (-90)$$

$$\Longleftrightarrow \quad x = 0{,}9$$

Die Lösung der Gleichung lautet $\underline{x = 0{,}9}$.

b) Eine Gleichung aufstellen, die den angegebenen Sachverhalt korrekt darstellt. Die Anzahl der Trikots wird im Folgenden nun als x bezeichnet. Aus dem Text ergeben sich dann die folgenden Informationen:

$$\text{Trikots} \stackrel{\wedge}{=} x$$

„Es werden dreimal so viele Schals wie Trikots geliefert."

$$\text{Schals} \stackrel{\wedge}{=} 3x$$

„Außerdem werden 100 Fahnen weniger als Schals geliefert."

$$\text{Fahnen} \stackrel{\wedge}{=} 3x - 100$$

Da es insgesamt 600 neue Artikel sein sollen, muss die Summe aller Terme gleich 600 sein:

$$x + 3x + (3x - 100) = 600$$

$$\Longleftrightarrow \quad 7x - 100 = 600 \qquad | + 100$$

$$\Longleftrightarrow \quad 7x = 700 \qquad | : 7$$

$$\Longleftrightarrow \quad x = 100$$

Damit ergeben sich die gesuchten Mengen:

Trikot: $\quad x = \underline{100}$

Schals: $\quad 3x = \underline{300}$

Fahnen: $\quad 3x - 100 = \underline{200}$

Hinweis: Die Gleichung musste nicht gelöst werden. Aus pädagogischen Gründen dennoch die korrekte Lösung der Gleichung angegeben.

2. Den Flächeninhalt der grauen Figur berechnen. Die Fläche setzt sich zusammen aus zwei gleichen Dreiecken und einem Halbkreis:

$$A_{ges} = 2 \cdot A_{Dreieck} + A_{Halbkreis}$$

In einem der Dreieck kann mithilfe des Satz des Pythagoras die fehlende Länge der Grundseite bestimmt werden (Maße in cm):

$$g^2 + 6^2 = 10^2 \qquad |-6^2$$
$$\Longleftrightarrow \qquad g^2 = 10^2 - 6^2 \qquad |\sqrt{}$$
$$\Longleftrightarrow \qquad g = \sqrt{100 - 36}$$
$$\Longleftrightarrow \qquad g = \sqrt{64}$$
$$\Longleftrightarrow \qquad g = 8$$

Damit gilt für die Fläche eines Dreiecks (Maße in cm):

$$A_{\text{Dreieck}} = \frac{1}{2} \cdot g \cdot h = \frac{1}{2} \cdot 8 \cdot 6 = 24$$

Der Halbkreis entspricht der halben Fläche eines Kreises mit Durchmesser $d = 6$ cm und Radius $r = 3$ cm (Maße in cm):

$$A_{\text{Halbkreis}} = \frac{1}{2} \cdot r^2 \cdot \pi = \frac{1}{2} \cdot 3 \cdot 3 \cdot \pi = 14{,}13$$

Daher gilt für die gesamte graue Fläche:

$$A_{\text{ges}} = 2 \cdot A_{\text{Dreick}} + A_{\text{Halbkreis}} = 2 \cdot 24 \, \text{cm}^2 + 14{,}13 \, \text{cm}^2 = \underline{62{,}13 \, \text{cm}^2}$$

3. a) Das Ereignis E : „ungerade Zahl" in Mengenschreibweise angeben.

$$E = \{1; 3; 5\}$$

b) Die relative Häufigkeit in Prozent ermitteln, mit der eine gerade Zahl gewürfelt wurde.

$$\underset{\text{(Zahl 2)}}{\frac{7}{40}} + \underset{\text{(Zahl 4)}}{\frac{7}{40}} + \underset{\text{(Zahl 6)}}{\frac{5}{40}} = \frac{7 + 7 + 5}{40} = \frac{19}{40} = 0{,}475$$

Die relative Häufigkeit in Prozent lautet: $\underline{47{,}5\,\%}$.

c) Erklären, warum Karl recht hat, dass nach 1 000 Würfen die Wahrscheinlichkeit, dass die Fünf doppelt so häufig gewürfelt wird wie die Sechs, nicht mehr so sein wird.
Je öfter geworfen wird, desto mehr nähern sich die relativen Häufigkeiten der beiden Ereignisse dem Wert $\frac{1}{6}$ an. Es gilt das Gesetz der großen Zahlen.

d) Die Wahrscheinlichkeit eine Eins zu würfeln oder drehen bestimmen und dadurch begründen, bei welcher Form der Verlosung die Gewinnchance größer ist.
Die Wahrscheinlichkeiten werden verglichen:

$$P(\text{„1 auf dem Würfel"}) = \frac{1}{6}$$
$$P(\text{„1 auf dem Glücksrad"}) = \frac{1}{4}$$

Da $\frac{1}{4} > \frac{1}{6}$, ist die Gewinnchance beim Glücksrad größer als beim Würfel.

4. Komplette Zeichnung:

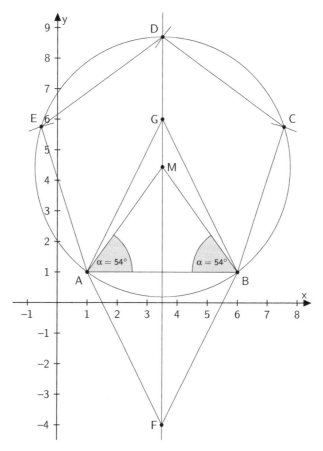

a) Zunächst wird das Koordinatensystem gezeichnet. Dann können die Punkte A und B eingezeichnet und zur Strecke $\overline{AB}$ ergänzt werden. Die Punkte A und B bilden die Grundseite eines gleichschenkligen Dreiecks mit dem Mittelpunkt M. Um diesen zu finden, werden die Basiswinkel des gleichschenkligen Dreiecks bestimmt. Der Winkel am Mittelpunkt entspricht $360° : 5 = 72°$, da das Fünfeck aus fünf gleichen Dreieck besteht. Mit der Innenwinkelsumme im Dreieck ergibt sich dann die Größe α eines Basiswinkels (siehe Markierung Zeichnung):

$$\alpha + \alpha + 72° = 180° \iff 2\alpha = 108° \iff \alpha = 54°$$

Von $\overline{AB}$ kann nun an Punkt A und B jeweils eine Gerade in diesem Winkel abgetragen werden. Wo sich die Geraden schneiden liegt der Mittelpunkt und das Bestimmungsdreieck ABM kann eingezeichnet werden.

Um den Punkt M kann nun der Umkreis des Fünfecks eingezeichnet werden, wobei man die Länge von $\overline{AM}$ oder $\overline{BM}$ in die Zirkelspanne nimmt.

Nimmt man nun die Länge von $\overline{AB}$ in die Zirkelspanne, so wird von A aus abgetragen und von B aus abgetragen um als Schnittpunkt dieser Abtragungen mit dem Umkreis die nächsten beiden Eckpunkte des Fünfecks zu bestimmen (Punkte C und E). Wiederholt man dies von einem der neuen Eckpunkte erhält man als Schnittpunkt schließlich den fünften Eckpunkt D und kann das Fünfeck ABCDE komplett einzeichnen.

b) Die Mittelsenkrechte kann entweder konstruiert werden oder direkt eingezeichnet: Punkt A liegt

Muster

bei $x = 1$ und Punkt B bei $x = 6$. Daher liegt die Mittelsenkrechte bei $x = (1 + 6) : 2 = 3{,}5$ und kann als senkrechte Gerade bei $x = 3{,}5$ eingezeichnet werden.

Auf dieser Mittelsenkrechten wird nun ein beliebiger Punkt F markiert (beispielsweise $F(3{,}5\,|-4)$) und im gleichen Abstand von $\overline{AB}$ nach oben der Punkt G (beispielsweise $G(3{,}5\,|\,6)$). Schließlich wird die Raute AFBG eingezeichnet.

5. a) Berechnen, wie viel Geld nach zwei Jahren bei der Comfortbank auf dem Konto ist.
    <u>Betrag nach einem Jahr in Euro:</u>
    $700 \cdot 1{,}01 = 707$
    <u>Betrag nach dem zweiten Jahr in Euro:</u>
    $707 \cdot 1{,}01 = 714{,}07$
    Nach zwei Jahren sind insgesamt <u>714,07 €</u> auf dem Bankkonto.

    b) Berechnen, welche Bank den höheren Zinssatz hat.
    Dafür muss der Zinssatz der **Starbank** ausgerechnet werden.
    Nach 6 Monaten werden 1,20 € Zinsen ausgezahlt. Somit sind es nach 12 Monaten (1 Jahr) insgesamt 2,40 € Zinsen.

    $$\Rightarrow \frac{2{,}40\,€}{300\,€} = 0{,}008$$

    Der Jahreszinssatz bei der Starbank beträgt <u>0,8 %</u>.

    Somit hat die Comfortbank den höheren Zinssatz.

6. a) Rechnerisch überprüfen, wie viele Wassertropfen in eine Regentonne mit 210 Liter Fassungsvermögen passen.

    $$\frac{210}{5 \cdot 10^{-5}} = 4\,200\,000 \text{ Wassertropfen}$$

    b) Rechnerisch prüfen, ob es mehr oder weniger als 10 Liter Wasser pro Jahr sind, die durch einen tropfenden Wasserhahn verschwendet werden.
    Der Wasserhahn tropft regelmäßig alle vier Sekunden, also 15 mal in der Minute, mal 60 demnach 900 mal in der Stunde usw.

    <u>Anzahl der Tropfen im Jahr:</u>
    $15 \cdot 60 \cdot 24 \cdot 365 = 7\,884\,000 \text{ Tropfen}$
    Somit kann nun das Volumen des Tropfwassers in Litern ermittelt werden:

    <u>Volumen des Tropfwassers:</u>
    $7\,884\,000 \cdot 5 \cdot 10^{-5} \approx 394{,}2 \text{ Liter}$
    Der Platzwart hat demnach nicht recht.

7. a) Berechnen, wie viel Prozent des CO_2-Ausstoßes durch Flugreisen verursacht wird.

    $$\frac{580 \text{ kg}}{11\,000 \text{ kg}} = 0{,}05$$

    Der Anteil beträgt <u>5 %</u>.

b) Den CO_2-Ausstoß des Bereichs Ernährung in kg berechnen.

$$11\,600 \cdot 0{,}16 = 1\,856$$

Es sind $\underline{1\,856\,\text{kg}}$ CO_2-Ausstoß im Bereich Ernährung.

c) Einsparungen im Bereich Strom und Heizung ausrechnen und begründen.

$\dfrac{1}{4}$ von $22\,\%$ sind $5{,}5\,\%$.

Somit hat Linus recht.

d) Im Bereich „sonstiger Konsum" halbiert sich der CO_2-Wert und somit auch der prozentuale Anteil, was es gilt zu überprüfen.

Halbierung von „sonstiger Konsum":

$$\frac{4\,292}{2} = 2\,146$$

Ermittlung der Restmenge durch die Halbierung des „sonstigen Konsum":

$$11\,600 - 2\,146 = 9\,454$$

Prozentualer Anteil „sonstiger Konsum":

$$\frac{2\,146}{9\,454} \approx 0{,}227$$

Der prozentuale Anteil ist $\underline{22{,}7\,\%}$.
Somit ist die Aussage falsch, da $22{,}7\,\% > 18{,}5\,\%$.

8.   a) Der Heuvorrat eines Reitstalls mit acht Pferden reicht für 15 Tage.
Wenn nun nur ein Pferd im Reitstall wäre, würde der Heuvorrat für $8 \cdot 15 = 120$ Tage ausreichen.
Somit muss das Produkt aus „Anzahl Pferde" und „Anzahl Tage" immer 120 ergeben, was durch Multiplikation in der zweiten Spalte $(4 \cdot 30 = 120)$ oder der vierten Spalte $(8 \cdot 15 = 120)$ bestätigt wird.

Anzahl Pferde	**3**	4	5	8
Anzahl Tage	40	30	**24**	15

b) Das günstigere Angebot für Jana, um 10 Stunden um Monat zu reiten, soll herausgefunden werden.

Kosten für das Angebot 1 in Euro:
$36 + 6 \cdot 8 = 84$

Kosten für das Angebot 2 in Euro:
$10 \cdot 8{,}50 = 85$

Das Anegbot 1 mit $84\,€ < 85\,€$ ist günstiger.

c) Montag bis Freitag verringert sich der Vorrat vor der Fütterung jeweils um 50 kg. Von Freitag zu Samstag erhöht sich der Vorrat noch einmal um 200 kg (neue Lieferung) und nimmt dann zu Sonntag wieder um 50 kg ab:

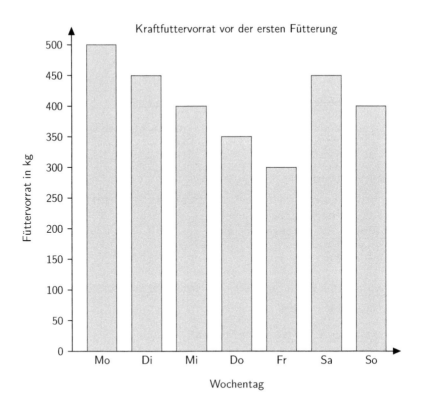

1. Löse die Gleichung.

$$\frac{7 \cdot (2x - 1)}{4} - \frac{x + 6,5}{5} - \frac{3 \cdot (6x - 6)}{10} = 4$$

(4 Pkt.)

2. In den USA werden Temperaturen in Grad Fahrenheit (°F) gemessen, in Europa meist in Grad Celsius (°C). Für die Umrechnung zwischen den beiden Einheiten gibt es eine Formel:

$$T_C = (T_F - 32) \cdot \frac{5}{9}$$

T_C: Temperatur in Grad Celsius (°C)
T_F: Temperatur in Grad Fahrenheit (°F)

a) Der Wetterbericht meldet für Miami 64 °F. Berechne die Temperatur in °C.

b) In Nürnberg hat es 20 °C. Rechne diese Temperaturangabe in °F um.

(2 Pkt.)

3. Von einem Würfel mit einer Kantenlänge von 20 cm wird ein Dreiecksprisma mit gleichschenkliger Grundfläche abgeschnitten (siehe Skizze).
Berechne das Volumen des Restkörpers.

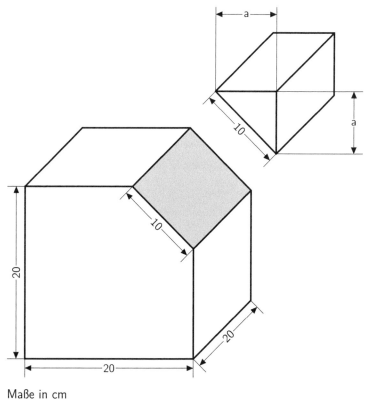

Maße in cm

(4 Pkt.)

Fortsetzung nächste Seite

4. Zwischen zwei Häusern (siehe Skizze) hängt ein 11 m langes Seil, in dessen Mitte eine 40 cm hohe Laterne aufgehängt ist.
    Berechne den Abstand zwischen dem Laternenboden und dem Boden.

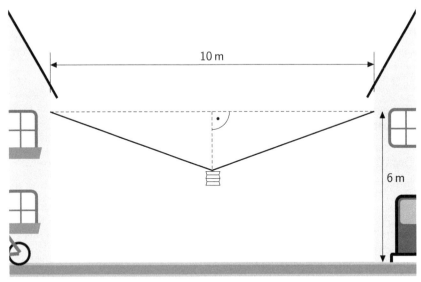

Hinweis: Skizze nicht maßstabsgetreu   (3 Pkt.)

5. Tina zieht zufällig eine Karte aus einem Kartenstapel mit den folgenden Karten:

    a) Gib das Ereignis E: „ungerade Zahl" in Mengenschreibweise an.

    b) Nenne zwei Ereignisse, deren Wahrscheinlichkeit jeweils größer als 0,5 ist.

    c) Formuliere wie im Beispiel die fehlende Beschreibung für das Ereignis E.

        Ereignis „____kleiner als 4____": $\{1;2;3\}$

        Ereignis „_____": $\{3;6\}$

        Ereignis „_____": $\{6;7;8\}$

    d) Welches der beiden Ereignisse „kleiner als 5" oder „größer als 5" ist wahrscheinlicher? Begründe rechnerisch.

                                                                          (4 Pkt.)

Fortsetzung nächste Seite

6. In der Getränkeindustrie bezeichnet man eine Mischung aus Fruchtsaft, Wasser und Zucker als Fruchtnektar. Die Abbildungen zeigen drei Etiketten und eine Flasche mit Etikett.

KIRSCHNEKTAR

Inhalt:
330 ml

Fruchtsaftanteil:
30 %

Enthaltener Fruchtsaft:
_____ ml

BANANENNEKTAR

Inhalt:
____ ml

Fruchtsaftanteil:
46 %

Enthaltener Fruchtsaft:
345 ml

a) Berechne das Volumen des im Kirschnektar enthaltenen Fruchtsafts in ml.

b) Berechne den Flascheninhalt des Bananennektars in ml.

c) Lena mischt den Inhalt zweier vollen Flaschen, die mit den nebenstehenden Etiketten versehen sind.
Bestimme den Fruchtsaftanteil des Mischgetränks in Prozent.

MARACUJANEKTAR

Inhalt:
550 ml

Fruchtsaftanteil:
25 %

Enthaltener Fruchtsaft:
125 ml

PFIRSICHNEKTAR

Inhalt:
750 ml

Fruchtsaftanteil:
40 %

Enthaltener Fruchtsaft:
300 ml

d) Künftig werden neue Flaschen verwendet, in die 900 ml Pfirsichnektar anstatt wie bisher 750 ml passen. Berechne den prozentualen Anstieg des Flascheninhalts.

(4 Pkt.)

Fortsetzung nächste Seite

Muster

7. Folgendes Säulendiagramm informiert über die Verteilung der Nährstoff von Schokolade.

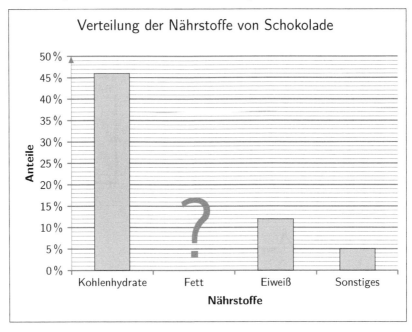

a) Bestimme, wie viel Gramm Fett in einer 80g-Tafel Schokolade enthalten sind.

b) Erstelle ein Kreisdiagramm, das die Zusammensetzung der Schokolade aus Kohlenhydraten, Fett, Eiweiß und Sonstigem darstellt.

(4 Pkt.)

8. a) Franz fotografiert gerne. Er hat seine Kamera so eingestellt, dass seine Fotos eine Dateigröße von jeweils 2,6 Megabyte haben.
    Berechne, wie viele Fotos er auf seiner Festplatte mit 50 Gigabyte Speicherplatz speichern kann.

    b) Auf einer Festplatte mit 3 Terabyte sind 700 Gigabyte belegt.
    Bestimme rechnerisch den freien Speicherplatz der Festplatte.

    c) Der gespeicherte Spielstand eines Computerspiels hat etwa eine Größe von $8,5 \cdot 10^7$ Byte.
    Berechne die ungefähre Datengröße in Megabyte.

(3 Pkt.)

Fortsetzung nächste Seite

9. Zwei Fitnessstudios werben mit folgenden Angeboten:

MUCKIBUDE	
Aktion: Schnuppermonat 10 €	
(+3,50 € je Trainingseinheit)	
Mitgliederverträge	
Vertragslaufzeit in Monaten	Monatsbeitrag
6	35 €
12	30 €
24	25 €
(+3,50 € je Trainingseinheit)	

Michis Fitbox
Kein Monatsbeitrag!
Jede Trainingseinheit nur 8,50 €

a) Paul möchte einen Monat lang testen, ob ihm das Training in der Muckibude Spaß macht.
   Er will achtmal im Monat zum Training gehen.
   Ermittle, wie teuer der Schnuppermonat insgesamt wird.

b) Beschreibe, wie sich die Monatsbeiträge der Muckibude mit zunehmender Vertragslaufzeit
   verändern.

c) Ordne die Angebote von „Muckibude" (ohne Schnuppermonat) und „Michis Fitbox" den
   Graphen zu.

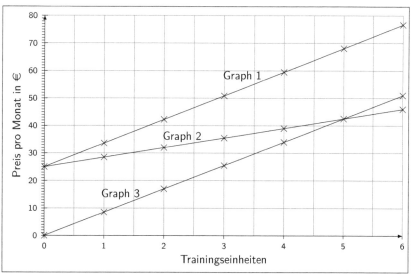

d) Erkläre mit Hilfe des Diagramms, welche Bedeutung der Schnittpunkt von Graph 2 und Graph
   3 hinsichtlich der Kosten hat.

(4 Pkt.)

1. Durch Multiplikation um auf den Hauptnenner=20 zu kommen, werden die Brüche eliminiert.
   Danach kann die Gleichung zusammengefasst, umgeformt und damit gelöst werden.

$$\frac{7 \cdot (2x-1)}{4} - \frac{x+6,5}{5} - \frac{3 \cdot (6x-6)}{10} = 4 \qquad |\text{HN} = 20$$

$$\Longleftrightarrow \quad 5 \cdot 7 \cdot (2x-1) - 4 \cdot (x+6,5) - 2 \cdot 3 \cdot (6x-6) = 20 \cdot 4$$

$$\Longleftrightarrow \quad 35 \cdot (2x-1) - 4 \cdot (x+6,5) - 6 \cdot (6x-6) = 80$$

$$\Longleftrightarrow \quad 70x - 35 - 4x - 26 - 36x + 36 = 80$$

$$\Longleftrightarrow \quad 30x - 25 = 80 \qquad |+25$$

$$\Longleftrightarrow \quad 30x = 105 \qquad |:30$$

$$\Longleftrightarrow \quad \underline{x = 3,5}$$

2. a) Die Temperatur in °C in Miami ausrechnen.

$$(64-32) \cdot \frac{5}{9} \approx 17,78$$

   b) Die Temperatur in °F in Nürnberg ausrechnen.

$$20 \cdot \frac{9}{5} + 32 = 68$$

3. Das Volumen des Restkörpers soll berechnet werden.
   Zuerst wird das Volumen des gesamten Würfels in cm^3 berechnet.

$$V = a \cdot a \cdot a \qquad |\text{oder}$$

$$V = a^3$$

$$\Longleftrightarrow \quad V = 20^3$$

$$\Longleftrightarrow \quad V = 8\,000$$

Nun wird die Seitenlänge a des Dreiecksprismas in cm berechnet.

$$a^2 + a^2 = 10^2$$

$$\Longleftrightarrow \quad 2 \cdot a^2 = 100 \qquad |:2$$

$$\Longleftrightarrow \quad a^2 = 50 \qquad |\pm\sqrt{}$$

$$\Longleftrightarrow \quad a = \sqrt{50}$$

$$\Longleftrightarrow \quad a \approx 7,07$$

Das Volumen des Dreiecksprismas in cm^3 berechnet.

$$V = \frac{1}{2} \cdot a \cdot a \cdot h_K$$

$$V = \frac{1}{2} \cdot 7,07 \cdot 7,07 \cdot 20$$

$$\iff \qquad V \approx 500$$

Das Volumen des Restkörpers in cm^3 ist dann.

$$V_{\text{Rest}} = V_{\text{Gesamt}} - V_{\text{Prisma}}$$
$$V_{\text{Rest}} = 8\,000 - 500$$
$$\iff \qquad = 7\,500$$

Das Volumen des Restkörpers beträgt 7 500 cm^3.

4. Der Abstand zwischen Laternenboden und dem Boden soll berechnet werden.
Das Seil wird in 6 m Höhe aufgespannt, ist 11 m und somit bis zur Spitze in der Mitte, an der die Laterne aufgehängt wird, 5,5 m lang.
Als erstes wird die Höhe h zwischen der Seilaufhängung in 6 m und der Laterne ausgerechnet.

$$h^2 = 5{,}5^2 - 5^2 \qquad |\sqrt{}$$
$$h = \sqrt{5{,}5^2 - 5^2}$$
$$\iff \qquad h \approx 2{,}29$$

Nun kann der Abstand ausgerechnet werden. Die Laterne ist 0,4 m hoch.

$$\text{Abstand} = 6 - 2{,}29 - 0{,}4$$
$$= 3{,}31$$

Der Abstand zum Boden beträgt 3,31 m.

5. a) Das Ereignis E : „ungerade Zahl" soll in Mengenschreibweise angegeben werden.

$$E = \{1; 3; 5; 7\}$$

b) Zwei Ereignisse nennen, deren Wahrscheinlichkeit größer als 0,5 ist.
<u>Zum Beispiel:</u>

Ereignis „kleiner oder gleich 5": $\{1;2;3;4;5\}$
Ereignis „größer als 3": $\{4;5;6;7;8\}$

Weitere Ereignisse, deren Wahrscheinlichkeit größer als 0,5 sind, können als Alternative aufgeschrieben werden.

c) Fehlende Beschreibung für das Ereignis E formulieren.
<u>Zum Beispiel:</u>

Ereignis „durch 3 teilbar"
Ereignis „größer als 5 oder größer und gleich 6"

c) Rechnerisch begründen, welches der beiden Ereignisse „kleiner als 5" oder „größer als 5" wahrscheinlicher ist.

$$P_{\text{„kleiner als 5"}} = \frac{4}{8}$$
$$P_{\text{„größer als 5"}} = \frac{3}{8}$$

Da $\frac{4}{8} > \frac{3}{8}$, ist es somit wahrscheinlicher eine Karte zu ziehen, die kleiner als 5 ist.

Muster

6. a) Das Volumen des im Kirschnektar enthaltenen Fruchtsafts in ml berechnen.
    Gegeben: Grundwert (G) = 330 ml; Prozentsatz (p) = 30 %

    Gesucht: Prozentwert (P)

    Lösung mit Dreisatz: **Lösung durch Formel:**

Prozent	Euro
100 % $\triangleq$ 330 ml	$\vert$: 100
1 % $\triangleq$ 3,3 ml	$\vert$ · 30
30 % $\triangleq$ 99 ml	

    $$P = \frac{p \cdot G}{100}$$
    $$= \frac{30 \cdot 330}{100} = 99 \text{ ml}$$

    In dem Kirschnektar sind 99 ml Fruchtsaft enthalten.

    b) Den Flascheninhalt des Banannennektars in ml berechnen.
    Gegeben: Prozentwert (P) = 345 ml; Prozentsatz (p) = 46 %

    Gesucht: Grundwert (G)

    Lösung mit Dreisatz: **Lösung durch Formel:**

Prozent	Euro
46 % $\triangleq$ 345 ml	$\vert$: 46
1 % $\triangleq$ 7,5 ml	$\vert$ · 100
100 % $\triangleq$ 750 ml	

    $$G = \frac{P \cdot 100}{p}$$
    $$= \frac{345 \cdot 100}{46} = 750 \text{ ml}$$

    Der Bananensaftnektar hat einen Flascheninhalt von 750 ml.

    c) Den Fruchtsaftanteil des Mischgetränks in Prozent (p) berechnen.
    Gegeben: Grundwert (G) = 500 ml+750 ml=1 250 ml; Prozentwert (P) =125 ml+300 ml=425 ml

    Gesucht: Prozentsatz (p)

    Lösung mit Dreisatz: **Lösung durch Formel:**

Prozent	Euro
100 % $\triangleq$ 1 250 ml	$\vert$: 1 250
1 % $\triangleq$ 0,08 ml	$\vert$ · 425
34 % $\triangleq$ 425 ml	

    $$p = \frac{P \cdot 100}{G}$$
    $$= \frac{425 \cdot 100}{1\,250} = 34 \%$$

    Der Fruchtsaftanteil des Mischgetränks ist 34 %.

    d) Den prozentualen Anstieg der Flaschengröße berechnen.
    Gegeben: Grundwert (G) = 750 ml; Prozentwert (P) =900 ml-750 ml=150 ml

    Gesucht: Prozentsatz (p)

    Lösung mit Dreisatz: **Lösung durch Formel:**

Prozent	Euro
100 % $\triangleq$ 750 ml	$\vert$: 750
1 % $\triangleq$ 7,5 ml	$\vert$ · 20
20 % $\triangleq$ 150 ml	

    $$p = \frac{P \cdot 100}{G}$$
    $$= \frac{150 \cdot 100}{750} = 20 \%$$

    Der Flascheninhalt ist um 20 % gestiegen.

Muster

7. a) Rechnerisch bestimmen, wie viel Gramm Fett in einer 80 g-Tafel Schokolade in sind.
    Fettanteil der Schokolade in Prozent:

$$100 - 46 - 12 - 5 = 37\,\%$$

Fettanteil der Schokolade in Gramm:
Gegeben: Grundwert (G) = 80 g; Prozentsatz (p) = 37 %

Gesucht: Prozentwert (P)

Lösung mit Dreisatz: **Lösung durch Formel:**

Prozent | Euro

$100\,\% \stackrel{\triangle}{=} 80\,g$ $| : 100$

$1\,\% \stackrel{\triangle}{=} 0,8\,g$ $| \cdot 37$

$37\,\% \stackrel{\triangle}{=} 29,6\,g$

$$P = \frac{p \cdot G}{100}$$
$$= \frac{37 \cdot 80}{100} = 29,6\,g$$

Der Fettanteil ist in einer 80 g-Tafel Schokolade ist 29,6 g.

b) Aus dem Säulendiagramm können jeweils die prozentualen Anteile der Nährstoffe abgelesen werden. Mittels Dreisatz kann dann der zugehörige Winkel im Kreisdiagramm bestimmt werden. Beispiel Kohlenhydrate:

Gegeben: Grundwert (G) = 360°; Prozentsatz (p) = 46 %

Gesucht: Prozentwert (P)

Lösung mit Dreisatz: **Lösung durch Formel:**

Prozent | Winkel °

$100\,\% \stackrel{\triangle}{=} 360$ $| : 100$

$1\,\% \stackrel{\triangle}{=} 3,6$ $| \cdot 46$

$46\,\% \stackrel{\triangle}{=} 165,6$

$$P = \frac{p \cdot G}{100}$$
$$= \frac{46 \cdot 360}{100} = 165,6°$$

Analog ergeben sich die anderen Größen: Fett mit 37 % $\stackrel{\triangle}{=}$ 133,2°; Eiweiß mit 12 % $\stackrel{\triangle}{=}$ 43,2° und Sonstiges mit 5 % $\stackrel{\triangle}{=}$ 18,0°.

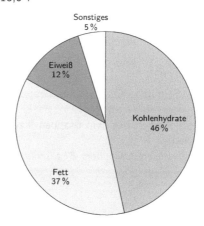

Sonstiges 5 %

Eiweiß 12 %

Kohlenhydrate 46 %

Fett 37 %

8. a) Berechnen, wie viele Fotos auf der Festplatte mit 50 Gigabyte gespeichert werden können.

$$50\ \text{GB} \stackrel{\triangle}{=} 50\,000\ \text{MB}$$

$$50\,000\ \text{MB} : 2,6\ \text{MB (je Foto)} \approx 19\,230\ \text{Fotos}$$

Muster

Als Alternative kann auch gerechnet werden:

$$1 \text{ GB} \triangleq 2^{10} \text{ MB} = 1\,024 \text{ MB}$$

$$\Rightarrow 50 \text{ GB} = 50 \cdot 2^{10} \text{ MB} = 51\,200 \text{ MB}$$

$$51\,200 \text{ MB} : 2{,}6 \text{ MB} \approx 19\,692 \text{ Fotos}$$

Beide Ergebnisse werden als richtig gewertet.

b) Den freien Speicherplatz der Festplatte berechnen.

$$3 \text{ TB} \triangleq 3\,000 \text{ GB}$$

$$3\,000 \text{ GB} - 700 \text{ GB} = 2\,300 \text{ GB}$$

Als Alternative kann auch gerechnet werden:

$$1 \text{ GB} \triangleq 2^{10} \text{ MB} = 1\,024 \text{ MB}$$

$$\Rightarrow 3 \text{ TB} = 3 \cdot 2^{10} \text{ MB} = 3\,072 \text{ GB}$$

$$3\,072 \text{ GB} - 700 \text{ GB} = 2\,372 \text{ GB}$$

Beide Ergebnisse werden als richtig gewertet.

c) Die ungefähre Datengröße in Megabyte berechnen.

$$\frac{8{,}5 \cdot 10^7}{10^6} = 85 \text{ Megabyte}$$

Als Alternative kann auch gerechnet werden:

$$1 \text{ GB} \triangleq 2^{10} \text{ MB} = 1\,024 \text{ MB}$$

$$\frac{8{,}5 \cdot 10^7}{2^{20}} = 81 \text{ Megabyte}$$

Beide Ergebnisse werden als richtig gewertet.

9. a) Rechnerisch ermitteln, wie teuer der Schnuppermonat insgesamt in Euro wird.
$10 + 8 \cdot 3{,}5 = 38$
Der Schnuppermonat kostet insgesamt 38 €.

b) Beschreiben, wie sich die Monatsbeiträge mit zunehmender Vertragslaufzeit verändern.
Je länger die Vertragslaufzeit, desto geringer die monatliche Beiträge, die zu bezahlen sind.

c) Zuordnen, welcher Graph zu welchem Fitnessstudio gehört.
Graph 2: „Muckibude"
Graph 3: „Michis Fitbox"

c) Die Bedeutung des Schnittpunkts zwischen Graph 2 und Graph 3 hinsichtlich der Kosten erklären.
Ab der 5. Trainingseinheit ist das dem Graphen 3 zugeordnete Angebot teurer als das dem Graphen 2 zugeordnete.
(Auch hier sind nachvollziehbare andere Begründungen zulässig.)

QUALI 2022
MITTELSCHULE

LASS **DICH**
VON UNS
COACHEN

DIGITALES
C▶ACHING

IN MATHE, ENGLISCH UVM.

DEINE NEUE LERNPLATTFORM UNTER

HTTPS://LERN.DE
ODER
HTTPS://MITTELSCHUL.GURU